500kV电缆线路

资产全生命周期全面质量管理应用

广东电网有限责任公司广州供电局　组编

刘智勇　刘奕军　主编

中国电力出版社
CHINA ELECTRIC POWER PRESS

内 容 提 要

　　本书以资产全生命周期管理及全面质量管理为指导思想，分别从管理理念、管理目标、管理实践、管理成效等方面展开讨论，旨在通过构建长距离、大容量 500kV 电缆工程生产准备全面质量管理的资产全生命周期体系，发现管理痛点难点和发展短板，应用多种管理方法和工具实施管理改进与成果固化，总结先进管理经验，全面提升资产管理能力。

　　本书可供电力行业电缆专业作业及管理人员使用，也可作为电缆专业技术人员的参考书，供电缆相关专业新入职员工以及电力职工技术院校电力类师生阅读。

图书在版编目（CIP）数据

500kV 电缆线路资产全生命周期全面质量管理应用 /
广东电网有限责任公司广州供电局组编；刘智勇，刘奕
军主编. -- 北京：中国电力出版社，2025. 6. -- ISBN
978-7-5198-9854-0

　　Ⅰ. TM247

中国国家版本馆 CIP 数据核字第 2025Z76T03 号

出版发行：中国电力出版社
地　　址：北京市东城区北京站西街 19 号（邮政编码 100005）
网　　址：http://www.cepp.sgcc.com.cn
责任编辑：罗　艳（010-63412315）　高　芬
责任校对：黄　蓓　王小鹏
装帧设计：张俊霞
责任印制：石　雷

印　　刷：三河市航远印刷有限公司
版　　次：2025 年 6 月第一版
印　　次：2025 年 6 月北京第一次印刷
开　　本：710 毫米×1000 毫米　16 开本
印　　张：12.75
字　　数：179 千字
印　　数：0001—1500 册
定　　价：78.00 元

本 书 编 写 组

主　　编　　刘智勇　　刘奕军

副 主 编　　李瀚儒　　张耿斌　　何泽斌　　来立永　　凌　颖

编写人员　　刘　群　　张　珏　　徐　涛　　贺庶奇　　李　茂

　　　　　　李瀚明　　梁孟孟　　陈文教　　陈鹏飞　　单鲁平

　　　　　　黄宇平　　慕容啟华　　林锦沛　　顾　乐　　唐兴佳

　　　　　　李彦雄　　余　欣　　于是乎　　孙钦章　　赵伟利

　　　　　　马　涛　　刘凤莲　　曹浩南

前　言

近年来，随着中国南方电网有限责任公司（简称南方电网）的资产规模不断增加，设备的管理难度也随之上升。为了提高资产的使用效率和管理效率，其资产管理模式也在不断创新，这不仅体现在技术应用的前沿性，更在于管理模式的全面升级，通过数字化转型、精益管理、全生命周期管理、协同共享、绿色发展、创新驱动和服务导向等多维度的综合施策，构建了高效、智能、可持续的电网资产管理新模式，为电力行业的高质量发展提供了重要借鉴。

本书重点探讨资产全生命周期管理及全面质量管理的管理理念在 500kV 电缆线路设备管理中的应用实践，南方电网在资产全生命周期管理实践方面不断深入，资产管理能力稳步提升，在设备质量管控、全生命周期技术标准体系建设、电网管理平台建设等方面取得显著成效；各级单位在资产管理体系建设、架构变革、机制建设、策略执行、评价回顾等方面也开展了积极探索，形成了先进管理经验。在此背景下，广东电网广州供电局（简称广州供电局）在 500kV 楚庭—广南输变电工程建设过程中应用了一系列全面质量管理理念和方法，形成系列成果，汇编本书。

全书共分 8 章，其中第 4 章土建部分和第 5 章电气部分同属于工程建设部分。二者单独成章是基于在工程建设体系中各自的独特性，为了能更细致、全面地呈现各领域专业内容，满足读者对不同管理知识的深度需求，也让全书结构更加清晰合理。这8章分别从管理理念、管理目标、管理实践与管理成效等方面展开。第1章重点阐述新质生产力引领下的全面质量管理理念和方法，以及500kV电缆线路全生命周期；第2章介绍了精益质量设计管理机制的理念、目标、实践与成效；第3章介绍首创的四层滤网设备管理机制，完善设备质量管理体系；第4章介绍土建智能质量管理机制，以智能化为导向，实现全过程质量精准管控，显著缩短施工周期、提升工程质量合格率；第5章介绍电气智能质量管理机制，丰富了电气质量管理体系；第6章讲述"四全"暨"可追溯"验收质量管理机制，"四全"管理涵盖了全面质量、全过程、全员参与以及全面综合运用各种现代管理方法；第7章讲述数字化运维质量管理，通过集成先进的信息技术和自动化工具，实现对电缆线路资产全生命周期的实时监控和智能分析；第8章讲述退役报废监测与评判管理，引入电缆全生命周期成本计算机制的内容。

本书编写工作受时间限制较为紧迫，且涵盖内容广泛，难以避免出现错漏之处，欢迎广大相关电力专家持续关注并提出宝贵意见，从而共同为电力系统安全稳定运行做出应有贡献。

编　者

2025年5月

目　　录

第1章 概　　述

随着城市经济建设的快速发展，城市用电负荷量大幅增长，电网建设规模不断扩大，高压电缆成为城市电力建设的必然选择。但电缆隐于地下，从"出生"就需要建立一套完善的全过程质量管控体系，保障电缆"落地"健康。

广州供电局从 2009 年 10 月开始开展 500kV 楚庭—广南输变电工程可行性研究工作，完成南方电网首个 500kV 超高压城市电网（电缆）项目，为广州全面建设成为国家重要中心城市、枢纽型网格城市的战略目标提供了安全、可靠的电力保障。

建设期间，广州供电局以经济效益为中心，以安全为保障，以技术为支撑，以制度为基础，以创新为主题，以优化设计为手段，以创建安全文明施工典范工程为总体目标，在工程全过程管理中实现创新突破。本书以 500kV 楚庭—广南输变电工程实践为切入点，研究构建和应用广州供电局质量管理模式，推动高压电缆的精益化管理和电网公司的高质量发展。

1.1　资产全生命周期管理要素

资产全生命周期管理（Life Cycle Asset Management，LCAM）是指一系列系统的、协调的活动和方法，通过这些活动能够优化并持续管理其资产和资产全生命周期管理体系，实现资产全生命周期内风险、效能和成本综合最优，以最终实现组织整体战略目标。资产全生命周期管理分为规划计划、物资采购、工程建设、运维检修及退役报废等五个环节。

LCAM 的核心在于确保资产从购置到退役的每个阶段都能达到最佳的性能和效率。规划计划环节涉及对资产需求的评估、预算编制和战略规划，以确保资产的购置与组织的长期目标和战略相一致。物资采购环节则关注于供应商的选择、采购流程的优化以及成本控制，确保物资的质量和供应的可靠性。工程建设环节着重于项目的实施和管理，包括设计、施工、质量控制和项目交付，以确保资产的建设符合预定标准和要求。运维检修环节则关注于资产的日常运行、维护和修理，以保持资产的最佳运行状态并延长其使用寿命。最后，退役报废环节涉及资产的最终处置，包括资产的评估、退役决策、拆解和回收，以及环境影响的最小化。通过 LCAM，组织能够实现资产的全生命周期价值最大化，同时降低运营成本和风险。

1.2　全面质量管理理念和方法

全面质量管理（Total Quality Management，TQM）理念即以质量管理为中心，以全员参与为基础，目的在于通过让客户满意和本组织所有者、员工、供方、合作伙伴或社会等相关方受益，而使组织达到长期成功的一种管理途径。设备的全面质量管理包括全过程管理、全方位管理和全人员管理。

500kV 电缆具有试验复杂、过程严格以及数据严密等特点，也没有更多的经验可循，因此，工程整体的质量管理、安全管理、进度管理、技术管理、验收管理等难度显著增加。同时，对能够保证工程方案切实可靠落实的人才梯队也提出了更高的需求，亟需创新工程管理办法与人才培养模式以支撑工程的开展。

在 500kV 楚庭—广南输变电工程建设过程中，广州供电局导入全面质量管理的理念和方法，以质量第一为导向，大力推行设计、施工、设备厂家、监理、调试等全员参与的全面质量管理，提供了可借鉴的高效、安全管理模式。

1.2.1 全面质量管理的理念

1. 全人员管理

全人员的质量管理是指企业全体人员参加的质量管理。人是影响质量管理的最显著因素，以人为本，充分发挥人在质量管理过程中的主观能动性。全面质量管理不是质管部门和生产主管的专职，而是全体员工的共同责任，依靠企业员工的共同努力，保证和提高产品质量。产品质量是企业全体员工工作质量的综合体现，这与员工素质、技术水平、管理水平、领导水平等密切相关，任何一个环节、任何一个人的工作质量都会影响产品质量，所以全体人员要树立全面质量管理观念，加强全面质量管理教育和培训，明确每一个部门、每一个岗位的质量职责，让全体员工更加积极主动地参与到质量管理之中。

2. 全过程管理

全过程的质量管理是指对产品质量产生、形成和实现的全过程进行的质量管理，从产品的设计、制造、辅助生产、供应服务、销售直至使用的全过程全部纳入质量管理范畴。企业对产品生产的每一道工序、每一个环节都严格控制，以预防为主，防检结合，保证工序和环节的"零失误"，从而保证产品质量。全面质量管理所指的客户不仅指产品或服务的消费者，还将生产过程中的下一道工序定义为上一道工序的客户，所以每一个环节都是相互联系、相互制约的，要对生产过程中的每一道工序都加强管理，从而保证全过程的质量。

3. 全方位管理

全方位的质量管理对象包括工作质量、产品质量及有关的过程质量。要求企业所有部门参与质量管理，共同围绕质量方针制定质量目标并有效落实，部门之间还要实现质量信息的共享，重视影响企业产品质量的所有因素，并进行有效控制，从而提高工作质量和产品质量。此外，还要管理产量、成本、生产效率和交货期等，预防和减少不合格产品，确保低消耗、低成本、按期交货和服务周到，满足客户需求。

1.2.2 全面质量管理的方法

在全面质量管理的过程中，为实现质量管理目标，往往需要运用多种工具和方法。由于不同的质量管理问题具有不同的特点和需求，因此选择合适的工具至关重要。在众多质量管理方法中，既有统计方法也有非统计方法。常用的质量管理工具包括因果图、排列图、直方图、控制图、散布图、分层图和调查表等七种基础工具。除此之外，还有包括关联图法、KJ 法、系统图法、矩阵图法、矩阵数据分析法、PDCA 法和矢线图法在内的七种新型工具。接下来将重点介绍 PDCA 法，见图 1−1。

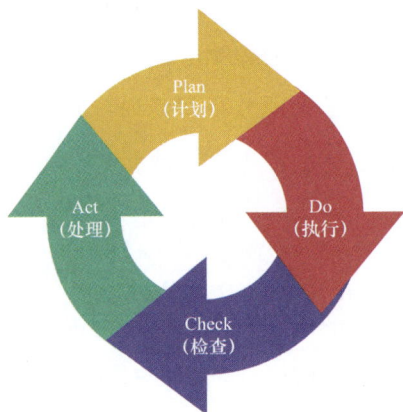

图 1−1　PDCA 循环图

P（Plan）——计划：第一个阶段为计划阶段，又称 P 阶段。这个阶段的主要内容是通过市场调查、用户访问、国家计划指示等，明确对产品质量的要求，确定质量政策、质量目标和质量计划等。

D（Do）——实施：第二个阶段为执行阶段，又称 D 阶段。这个阶段是实施 P 阶段所规定的内容，如根据质量标准进行产品设计、试制、试验，其中包括计划执行前的人员培训。

C（Check）——检查：第三个阶段为检查阶段，又称 C 阶段。这个阶段主要是在计划执行过程中或执行之后，检查执行情况是否符合计划的预期结果。

A（Action）——处理：第四阶段为处理阶段，又称 A 阶段。主要是根据检查结果，采取相应的措施。

1.3　500kV 电缆线路全生命周期

500kV 电缆线路全生命周期管理即在电缆整个生命周期过程中，兼顾设计规划、设备管理、工程建设、交接验收、运行维护、退役报废等环节，综合考虑不同阶段影响电缆安全稳定运行的风险因素，统筹实施多项管理制度及技术手段，协同作用实现整体最优，保障在电缆整个生命周期过程中，实现电缆运行安全风险可控在控，从而保障电缆安全稳定运行。

1.3.1　设计规划阶段

在 500kV 电缆线路初步设计阶段，采用精细化管理原则。对国内外的 500kV 电缆隧道设计进行深入而广泛的调研工作。细致地分部件、分项地进行论证，对涉及的各个细节进行深入分析和评估，确保每一个细节都经过严格的审查，从而提高设计的质量和可靠性。同时，充分考虑广州地区的地质条件和南方电网设备管理的特殊要求，力求使设计更加贴合实际需求。通过这一系列的调研和论证，最终确定了符合广州特色的电缆隧道设计方案。

1.3.2　设备管理阶段

编制 500kV 电缆及附件监造标准，规范设备监造标准；在 500kV 电缆及附件品控环节首创运用"四层滤网"质量管控机制，制定"线上+线下""关键点+全过程"监造策略，采用数字技术开展电缆及附件质量监造，对电缆及附件生产进行开工审查、关键点监造、试验许可、出厂放行等环节审核把关，实现监造全过程的质量管控。

1.3.3　工程建设阶段

在工程建设阶段，以严守电缆敷设全流程质量关为本，并充分利用智能化质量管理机制，构建智能化施工管理系统。通过搭建施工管理平台，整合工程进度、质量、安全等关键信息，实现对施工过程的实时监控与管理。借助智能化施工管理系统，施工单位能够迅速掌握企业质量标准的具体要求，并采取必要措施以保障施工质量。高效运用物联网技术，对施工设备和材料实施智能化管理。在质量检测与控制方面，采用智能化质量检测设备，包括无损检测仪器和在线监测系统等，对电缆线路的施工质量进行全方位检测。这些设备能够迅速且精确地识别施工中的质量问题，并及时进行整改，确保工程质量达到政府标准。同时，建立质量追溯体系，对施工过程的每个环节进行详细记录和跟踪。一旦发现质量问题，能够迅速定位问题源头，并采取有效措施进行处理。

1.3.4 交接验收阶段

从电缆项目的生命周期出发，对项目最终的验收标准和运行过程中发现的问题进行分析，形成覆盖生命周期其他阶段的验收控制点；制定详细的验收计划与标准，明确验收的项目、方法、程序和标准，确保验收的准确性和公正性；实施分阶段验收，按照预定的计划和标准进行各个阶段的验收，确保工程质量得到有效控制。

1.3.5 运行维护阶段

按照"找差异、定级别、研策略、编计划、强执行、评绩效"六步骤开展，预控设备运行风险，提高设备健康水平。开展设备状态评价，确定设备健康度，根据设备健康度和重要度评价结果，确定设备的管控级别，设备管控级别从高到低分为 Ⅰ 级、Ⅱ 级、Ⅲ 级、Ⅳ 级，按设备管控级别变更后的运维工作周期确定下一次运维工作时间。设备运维策略分为日常巡维、特殊巡维、试验检测、维护检修四大类，每年进行修编不断优化设备运维策略，运维部门应依据设备运维策略制订年度运维计划。

以常规的运维管理为基础，着重强化数智化运维手段，引入智能化监控系统与移动视频监控（巡检机器人）系统。具体而言，隧道智能化监控系统涵盖了视频监控、水位监测、有毒气体监测、火灾监测以及运行环境监测等多个方面，具备将火灾自动报警系统、环境与设备监控系统、门禁系统以及视频监控系统等多个子系统的数据进行接入的能力，并能将智能化集成数据上传至电力综合数据网，以便在监控后台实施全面监控。此外，移动视频监控（巡检机器人）系统则通过配备移动式的智能终端，能够自动识别输电线路设备的外观、缺陷以及内外部异常等关键巡视信息。该系统借助大数据分析及人工智能技术，实现对巡视结果的集中管控、自动判别并推送异常、巡视过程追溯以及历史巡视情况的获取，达成现场无人化智能机器巡视的目标。

1.3.6　退役报废阶段

为有效节约成本、最大化利用资源，南方电网开展了 500kV 电缆老化创新应用研究。研究过程中，南方电网引入先进监测技术，实现对电缆老化状态的实时监控，进而有效预防电缆故障的发生。同时，南方电网还开发了智能诊断系统，该系统能够依据电缆老化数据，精准预测电缆剩余寿命，为电网的稳定运行提供坚实保障。

在设备处置方面，经智能诊断系统评估，已退役的 500kV 电力电缆附件原则上不再安排重新利用，直接进入报废流程。对于在线监测装置，若超过使用年限或者出现故障且无法修复，也直接进入报废流程。而对于其他设备，首先会开展鉴定试验。若鉴定结果合格，设备可直接再利用；若设备存在不完整、有缺陷或者部分鉴定试验结果不合格的情况，则需对设备修复费用进行评估。按照有关规定，若评估显示设备没有修复价值，将鉴定为报废；若有修复价值，则鉴定为修复再利用。

第 2 章　精益质量设计管理机制

　　精益质量管理是在对关键质量数据的定量化分析基础上，综合运用多种学问和方法，对关键质量指标持续系统改进，追求达到卓越标准，实现显著提高企业质量绩效及经营绩效的目的。

　　精益质量管理理念来源于管理学中的六西格玛理论。六西格玛以数据和事实为依据进行管理决策。在电缆线路管理中，会收集大量关于电缆性能、安装工艺参数、故障数据等信息。通过对这些数据的统计分析，如分析电缆绝缘电阻数据来判断绝缘性能是否满足要求，或者分析电缆敷设的弯曲半径数据是否符合标准，来精准地找出质量问题的关键因素。六西格玛追求近乎完美的质量水平，在电缆线路质量管理方面，其目标是尽可能降低故障发生率，减少质量波动。例如，通过严格控制电缆制造过程中的生产工艺参数，使电缆的各项性能指标达到高度一致，接近六西格玛所要求的高质量标准。

　　在 500kV 电缆线路实施过程中，设计是确保高质量完成的关键环节，设计管理是一个系统化的过程，将精益质量管理方法运用于设计管理中，旨在确保 500kV 电缆线路在设计阶段就达到预定的质量标准和要求，从而确保电缆工程在后续施工、运行和维护过程中的安全、可靠和高效。

　　在设计管理中，精益质量管理方法的运用，要求设计团队对关键质量数据进行定量化分析，并综合运用多种学问和方法，对关键质量指标进行持续系统改进。通过这种方法，设计团队能够追求卓越标准，实现显著提高企业质量绩效及经营绩效的目的。设计管理的实施路径包括建立并贯彻管理体系制度、组建强大技术力量的项目组、对全设计流程质量进行有效地监视、测量、分析和评价等。精益质量设计管理措施则涵盖了加强质量风险的识别、评价及控制，严格控制设计方案的选择和审核，以及加强内部、外部的接口控制等多个方面。本章重点论述精益质量设计管理方法，它以提高设计成品质量为目标，最终为实现电网安全可靠运行服务。

2.1　管　理　理　念

精益质量管理理念强调的是在设计阶段就对质量进行严格控制，以确保产品或服务在全生命周期内达到卓越标准。它要求设计团队不仅关注产品设计本身，还要关注设计过程中的每一个环节，包括材料选择、工艺流程、质量控制点设置等，确保每个环节都符合质量要求。通过持续改进和优化设计流程，可以有效预防质量问题的发生，减少返工和废品率，从而提高整体的生产效率和产品质量。此外，精益质量管理还强调全员参与，鼓励每个员工都对质量负责，形成一种质量文化，使质量成为企业运营的核心价值观。通过这样的管理理念，能够更好地满足客户需求，提升市场竞争力，实现可持续发展。

2.2　管　理　目　标

500kV 电缆线路设计成品需满足国家、行业、电网公司的质量标准、控制标准和验收规范，在质量管理过程中达到或超过质量标准，实现合格标准。结合质量管理体系，按照达到或超过质量目标的要求，制定 500kV 电缆线路设计成品的质量管理目标如下：

（1）功能性：设计成品质量满足合同规定要求。

（2）安全性：设计成品、活动及服务满足国家、行业、地方的法律、法规及现行设计及运行的技术规定中有关安全规定的要求。

（3）经济性：工程造价符合电力工程造价的规定并通过设计审查，得到客户确认。

（4）适应性：满足客户对工程项目适应性的要求。

（5）可实施性：施工和安装符合相应施工规范的要求。

（6）可用性：设计考虑运行维护条件符合现行设计技术规定中的有关要求。

（7）时间性：工程建设周期不因设计本身原因而受到影响，设计周期满足客户合理的要求。

质量目标将管理职能采用工作分解结构（Work Breakdown Structure，WBS），责任到人，使主设人的工作目标与质量目标相关联。设计单位将定期对质量目标的实施结果进行统计、分析和评价，采取预防或纠正措施，防止或纠正任何偏离质量目标的情况，确保项目质量目标的实现。

2.3 管 理 实 践

2.3.1 实施路径

为满足客户的质量要求和期望，保证项目的施工质量，首先必须控制设计质量。设计质量控制主要是从满足业主需求入手，包括满足国家相关法律法规、强制性标准和合同规定的明确要求，满足绿色可靠、文档齐全、零缺陷；不发生重大设备一般及以上质量事故，确保工程无永久性缺陷；满足国家、行业、电网公司质量标准、控制标准和验收规范，在质量管理过程中达到或超过质量标准。

（1）建立健全质量、环境、职业健康安全和信息安全管理体系制度文件，为设计质量提供体系和制度的保障；以项目设总为领导，充分整合内外部资源，从策划、实施、监督、改进环节对设计全过程监督和控制。

（2）加强领导和组织管理，设计单位领导小组和技术专家组将为工程设计提供强有力的质量保证和技术支持。设计项目组成员严格按照设计单位管理体系规定的职责，认真履行各自的质量职责，严格按照作业文件规定的质量控制流程进行质量控制，为业主提供高质量的服务。

（3）设计单位分管领导和项目设总负责着重抓好工程质量、综合技术管理、专业间配合及接口管理。

（4）设计单位质量负责人不定期对项目的质量控制实施情况进行全面考核，并将考核结果提交项目设总及设计单位领导层，以便及时发现问题，进行整改。

2.3.2　管理支撑

500kV 楚庭—广南输变电工程设计流程图建图 2−1。

1. 项目设计策划

为了保证设计产品、服务质量，项目设总在接到任命书和计划任务书后，即开始做好详尽的策划，以保证产品实现的全过程，包括设计开发过程、采购过程、勘测过程、交付过程、工地代表服务过程、工程实施过程严格按照设计单位质量、环境、职业健康安全及信息安全管理体系所规定的程序运行。根据合

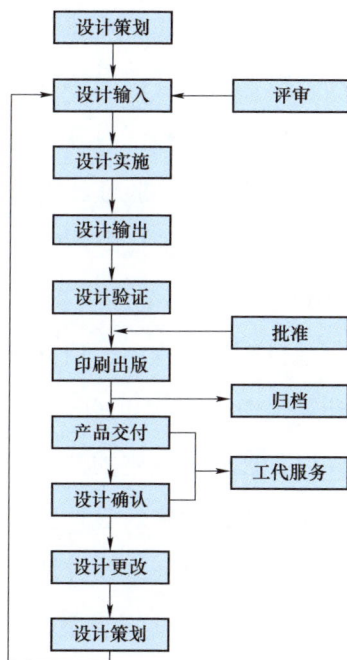

图 2−1　500kV 楚庭—广南输变电工程设计流程图

同及其技术附件的内容，配置最优的各专业负责人、计划工程师、控制工程师、工程秘书等及相关的人员，并配备良好的软、硬件资源。

2. 项目设计质量计划

项目设总在项目各个设计阶段启动前均需编写项目设计质量计划书，其中包括针对项目的质量计划，内容详细描述项目的质量要求，并将各项要求

具体化，明确与之对应的质量改进措施，以确定产品实现过程的要求和所需的资源。工程项目设计质量计划主要内容包括：

（1）项目概述，包括工程名称、编号、项目特点、合同要求。

（2）质量管理目标。

（3）设计依据、设计原则。

（4）项目组各级成员岗位职责：详细规定项目各级管理人员、技术人员的职责，同时明确项目设总、计划工程师、控制工程师、工程秘书等的职责和权限。

（5）工代小组成员及职责。

（6）综合进度及接口（内、外）管理要求。

（7）设计输入验证内容及要求。

（8）设计评审、验证和确认。

（9）项目涉及的风险和机遇。

（10）质量、环境、职业健康安全控制和保证措施。

在项目实施过程中，项目组成员将依据项目质量、环境和职业健康安全管理计划组织实施，开展各项活动，识别合格与不合格，并做出相应的处理决定，以保证满足规定的要求。项目组人员负责对其设计策划、设计输入、设计输出、设计评审、设计验证、设计更改等设计过程严格按照设计单位相关的管理体系文件要求执行控制。

3. 项目设计输入质量管理

设计输入是设计的主要依据和制约条件，一般在设计计划中确定与产品有关的设计输入要求。设计输入一般有如下内容（但不限于此）：

（1）产品和服务要求的评审依据性文件（如合同、口头订单、设计任务委托书等）及其评审结果。

（2）工程建设上一阶段设计确认（审批）文件。

（3）客户提供的基础资料、设备资料以及市政规划建设批文。

（4）供方提供的产品。

（5）适用的技术标准规范及有关法律、法规、规章。

（6）内部接口资料。

（7）以前类似工程建设及设计的信息。

（8）客户在专业技术上的特殊要求和其他要求。

（9）由产品和服务性质所导致的潜在的失效后果，包括可能造成的伤害或损失。

（10）设总负责组织接收客户提供的原始资料文件和有关设计要求文件，并传递至相关设计专业作为设计输入，主要原始资料包括：

1）电力负荷、电力系统条件。

2）水源及水质分析资料，气象资料。

3）有关工程建设的意向性文件和协议（包含线路走廊、供水、城市规划、交通运输、军事设施、地下矿藏、文物古迹等协议）。

4）设备资料。

5）客户要求或意见。

设计输入是保证设计质量的必要前提，也是评审、验证设计输出的依据，必须形成文件，并评审其充分性与适宜性。

综合性的设计输入由项目设总负责评审，专业性的设计输入由主设人负责评审。评审设计输入是否符合法律、法规、规程、规范和功能性的要求，收资计划是否适当，确保其充分性与适宜性，要求完整、清楚。对不完善的、含糊的或矛盾的要求，会同提出者一起解决并确定，评审以校审签字的方式进行。

常规性的设计输入资料按资料来源、内容（客户财产、供方产品等）按体系文件要求的方式评审。特殊性的设计输入资料由设总或专业主设人提出报审单，设总组织评审。专业性报审单验证签署至生产部门部长。综合性报审单验证签署至总工。对应急工程或假定条件的设计输入，项目设总应进行跟踪管理。

4. 项目设计输出质量管理

设计输出文件一般包括：

（1）设计图纸。

（2）说明书。

（3）设备材料清册。

（4）概、预算书。

（5）专题论证报告书（需要时提供）。

（6）技术规范书（需要时提供）。

（7）计算书（除合同规定外，一般不对外提供）。

设计输出文件必须符合下列要求：

（1）满足设计输入的要求。

（2）符合合同规定和标书条款的要求以及客户要求，符合前阶段设计确认（审批）意见和本阶段的项目设计计划要求。

（3）符合设计阶段内容深度的要求。

（4）主要技术原则和设计方案恰当。

（5）内部接口（各专业间接口、专业内部接口）和外部接口正确。

（6）设计要求与施工安装技术条件具有相容性。

（7）主要技术经济指标合理。

5. 项目设计评审管理

在工程项目各设计阶段的适当时机，要有计划地对设计结果进行正式的评审，并形成文件。设计评审一般在下列时刻进行：

（1）可行性研究阶段，在现场踏勘完毕形成初步方案后进行评审。

（2）初步设计阶段，在形成初步设计方案后进行评审。

（3）施工图设计阶段，在主体专业总图设计完成后进行评审。

设计评审是为评价设计满足质量的能力，识别问题并提出解决办法。一般包括以下内容（但不限于此）：

（1）是否符合国家有关的法律、法规、技术标准、规范和其他技术管理文件的要求。

（2）是否符合合同规定和标书条款的要求以及客户要求，是否符合前阶段设计确认（审批）意见和本阶段的项目设计计划要求。

（3）是否符合设计阶段内容深度的要求。

（4）主要技术原则和设计方案是否恰当。

（5）内部接口（各专业间接口、专业内部接口）和外部接口是否正确。

（6）设计要求与施工安装技术条件是否具有相容性。

（7）主要技术经济指标是否合理。

综合设计评审由项目设总或总工主持，生产部门主任工程师、专业室主任、专业主设人、经营部（当评审涉及合同时）等职能部门的代表和有关专家参加。专业评审由主设人召集，专业室主任主持，需要时，邀请其他部门代表、设总、总工、分管院领导参加。

设计评审由项目设总或专业主设人填写设计评审单，并经总工批准。项目设总或专业校核人负责组织落实设计评审意见。

2.3.3　案例

500kV 楚庭—广南输变电工程南方电网首个 500kV 超高压城市电网电缆系统，工程 500kV 电缆是目前全国距离最长、电压最高、输送容量最大的 500kV 陆上交联电缆。本节以 500kV 楚庭—广南输变电工程双回电缆线路工程设计为例，论述精益质量设计管理。

1. 开展国内 500kV 电缆及附件生产、应用调研

为做好广州供电局 500kV 电缆线路工程设计的技术支持，楚庭 500kV 电缆线路工程启动立项以来，设计单位开展了多批次调研。调研对象有北京、上海等具有 500kV 电缆线路工程建设与运维经验的电力公司，也有具有 500kV 电缆线路工程设计经验的设计院，还有国内外具有 500kV 电缆及附件业绩的国内外生产厂家。调研形式包括现场实地参观考察、开展座谈会、技术交流会等各种形式。通过开展 500kV 电缆及附件生产、应用调研活动，为设计单位进行 500kV 电缆及附件选型提供决策参考，对提高设计单位 500kV 电缆线路设计质量具有重要作用。通过调研，形成国内 500kV 电缆及附件生

产、应用调研专题报告一份，成为 500kV 楚庭—广南输变电工程设计文件的重要支撑报告。

通过调研主要得出了以下结论：

（1）交联聚乙烯绝缘作为综合性能指标优良的绝缘材料，已被广泛成功应用于超高压电缆系统，在规模日渐扩大的 500kV 电缆系统中其也将是安全稳定的可靠选择。

（2）在隧道、竖井等环境相对优良的空气中敷设 500kV 超高压电缆，平滑铝护套结构在结构材料成本、布置所需空间、允许载流量能力、允许分盘长度、线芯摩擦防滑等方面相比皱纹铝结构更具优势性能，应是一种值得推荐的结构选型；但国内电缆行业由于长期使用习惯的历史沿袭原因，在高压、超高压电缆领域广泛采用的依然是皱纹铝结构。

（3）500kV 超高压电缆外护套结构、材料的选择应朝着绿色环保的趋势方向，且优化散热性能以有利于送负荷能力，提升机械性能以便于敷设、安装及长期安全运行。

（4）在电缆附件方面，目前国内长距离 500kV 电缆线路所使用电缆附件大部分为进口产品，在国外其安全可靠性已经过较长时间运行检验，具有比较丰富的运行经验。但国产 500kV 电缆附件由于运行时间较短，其运行可靠性尚待时间来检验。电缆线路与电缆附件应捆绑招标，由电缆厂家选取与其进行预鉴定试验配对的电缆附件厂家。

2. 充分开展线路路径方案论证，合理选择隧道路径

500kV 楚庭—广南输变电工程新建电力隧道连接 500kV 广南站与楚庭站路径选择直接影响 500kV 电缆长度及工程投资。通过开展隧道专题进行多路径方案的技术、经济及实施性充分论证分析，最终选定沿广南站—南大干线—楚庭站路径方案，其中南大干线段 12.5km 隧道采取由政府实施，与道路同步建设方式，节省隧道土建工程投资 8 亿元以上，极大降低了工程投资，提升了工程实施性，保证了路径长度的最优。

电缆线路路径的选择就是执行一个 PDCA 循环的过程，通过前期的室内

地图选线确定一个初步路径方案，再进行实地路径调查、沿线业主意见摸查，根据摸查情况对电缆路径进行优化，最终形成一个技术经济方案最优的路径方案。

3. 多种工法并举，保证电力隧道的实施

500kV 楚庭—广南输变电工程电力隧道路径长 18.7km，隧道沿线交通繁忙，环境复杂，节点众多，地质多变。工程沿线穿越多个高速路；上跨或下穿多个地铁；下穿高压燃气干管；结合工程实际，经多方案比选论证，工程选用盾构为主，顶管、明挖为辅的设计方案（见图 2-2），为工程实施创造了良好条件。

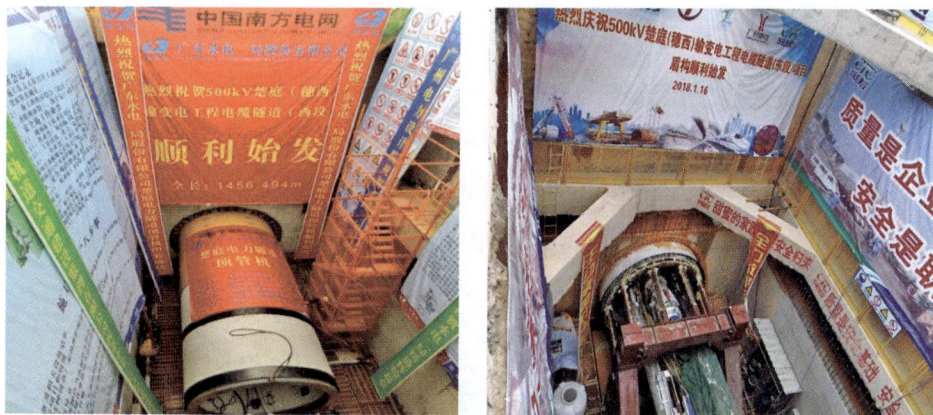

图 2-2　顶管及盾构始发现场照片

4. 优化隧道工作井间距及尺寸降低工程投资

楚庭电力隧道全长 18.7km，按常规方案工作井设置数量为 31 个，通过优化隧道通风及配电设计，增设区间风机，加设智能巡检机器人等措施，在满足运维要求的基础上优化工作井间距，减少工作井数量。隧道全线设置工作井 21 个，平均工作井间距 900m 以上，较常规方案减少工作井数量 30%以上。同时优化工作井尺寸，充分利用井内空间，降低工程投资。紧凑利用隧道工作井空间见图 2-3。

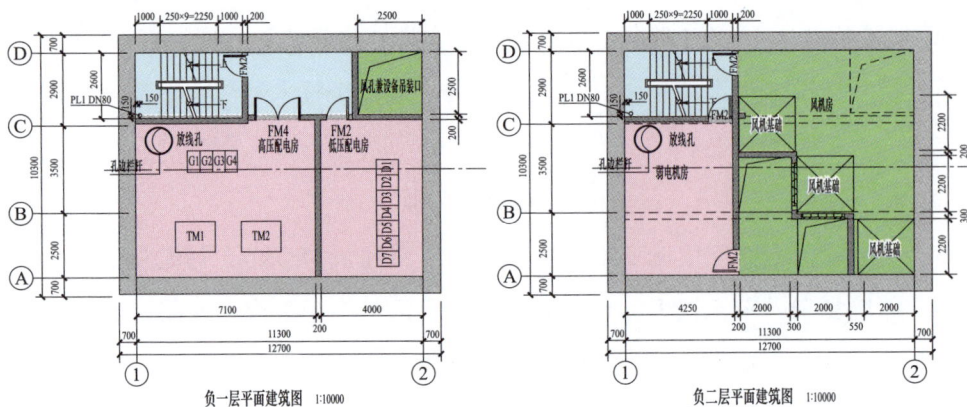

图 2-3　紧凑利用隧道工作井空间

5. 应用小转弯半径实现线路灵活布置

楚庭电力隧道穿越高速公路主线，东行后向南接入广南站。高速公路桥桩间距小，广南站内线路受制主控通信楼及架空构架间距，上述情况采取常规 250～350m 转弯半径无法避让地下基础。通过运用小转弯半径盾构工法技术成果，采用连续 4 处 100～120m 小曲率半径急转弯工艺，成功避让高速桥桩及广南站内主控楼和架空构架桩基。核减 2 座盾构过井，有效降低了工程造价。盾构小转弯半径数值模拟见图 2-4。

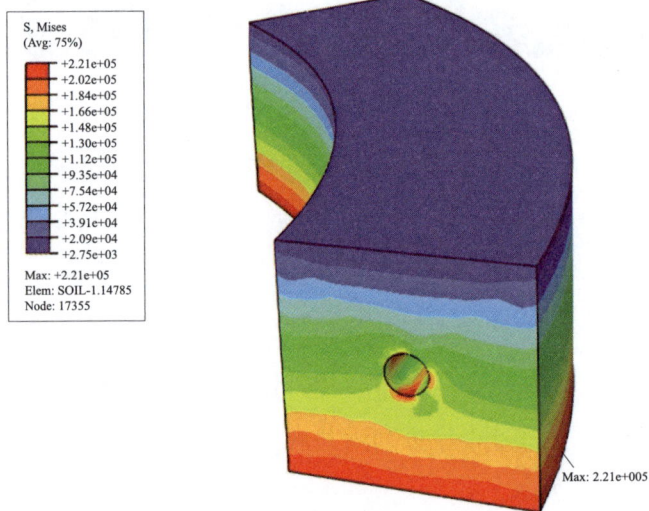

图 2-4　盾构小转弯半径数值模拟（一）

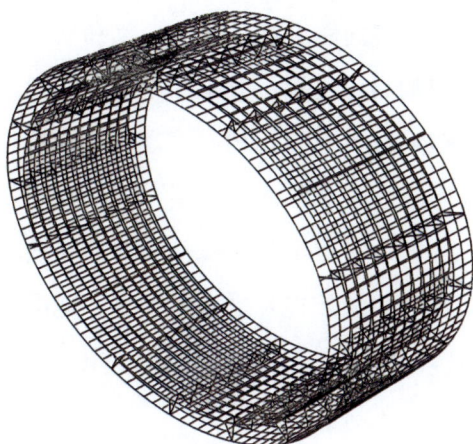

图 2-4　盾构小转弯半径数值模拟（二）

6. 应用三维分析技术实现重要节点穿越

楚庭电力隧道沿线交通繁忙，环境复杂，节点众多，线路与多个高速、多个地铁及高压燃气干管均有交叉。3 次穿越高速公路，5 次上跨地铁车站及区间，3 次下穿地铁车站及区间，3 次下穿高压燃气管线。通过专题研究、数值模拟分析，细化各个穿越点设计，成功实现节点穿越。隧道三维分析技术见图 2-5。

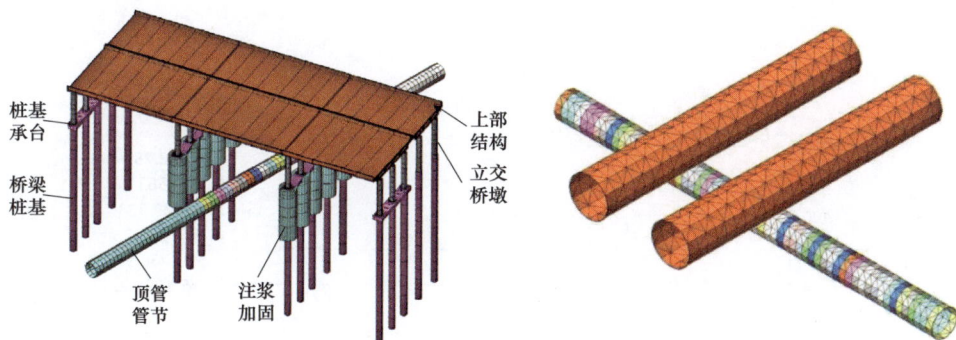

图 2-5　隧道三维分析技术

7. 500kV 超高压电缆安全应用设计及过电压保护研究专题

500kV 楚庭—广南输变电工程电缆线路路径长度达 20km。为科学合理规划该电缆线路，专题报告对工程的电缆选型、载流能力设计与提升、感应电压以及运行监测等几个关键问题进行了理论计算和研究。统计了国内外典型 400kV 及以上电缆线路的设计选型，分析了平直铝套和皱纹铝套的特点与优劣，通过计算得出 500kV 线路在隧道内、直埋、电缆坑道以及阳光直射等多种敷设方式下，不同回路数量（单回、双回）下的载流量，并给出了风冷条件下电缆载流量，通过理论分析了整条线路中的负荷瓶颈点，提出了在线路设计中不同敷设方式下的载流量提升措施。计算了电缆的发热量，分析了电力电缆线路正常和故障运行状态下金属护套感应电压。专题研究结果为该工程的设计、运行维护提供了科学的依据。

同时为确保设备切投运行安全，排除潜在风险隐患，开展过电压保护专题研究，对 500kV 电缆的内过电压问题进行了详细计算，主要内容包括工频过电压、合闸操作过电压计算、电缆屏蔽层电压计算、MOA 运行工况校核等，为线路安全投产运行提供支撑。过电压波形分析见图 2-6。

8. 电缆隧道智能化运维设计

楚庭电缆隧道配置一套电缆隧道综合监控系统，集成所有监控子系统，包括环境监测系统、高压电缆故障定位系统、高压电缆局部放电监测系统、高压电缆护套环流监测系统、视频监控系统、门禁监控系统、分布式光纤测

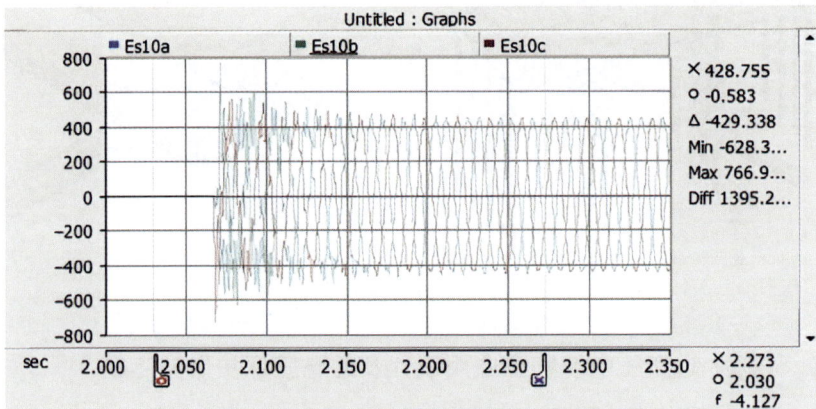

（a）甲线广南侧合闸操作过电压波形（带高抗）

图 2-6 过电压波形分析（一）

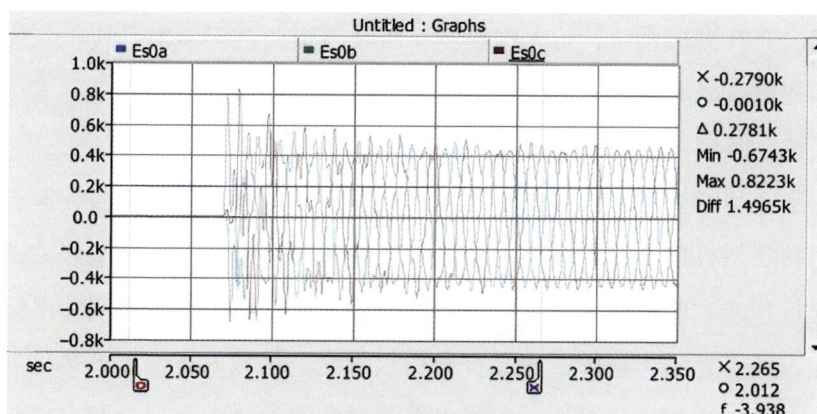

（b）甲线楚庭侧合闸操作过电压波形（带高抗）

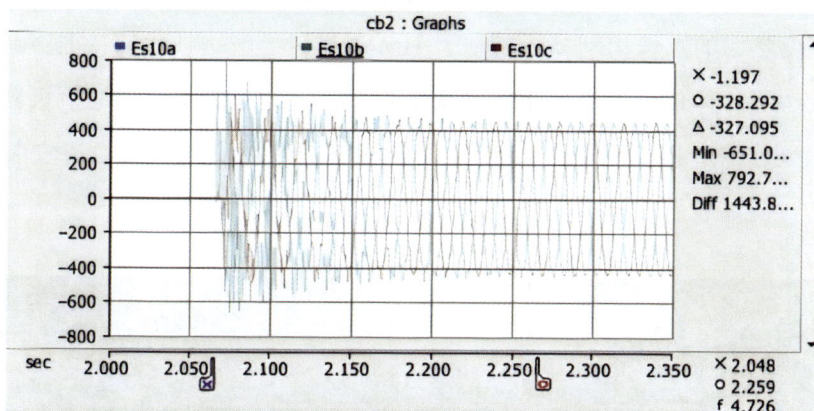

（c）乙线广南侧合闸操作过电压波形（带高抗）

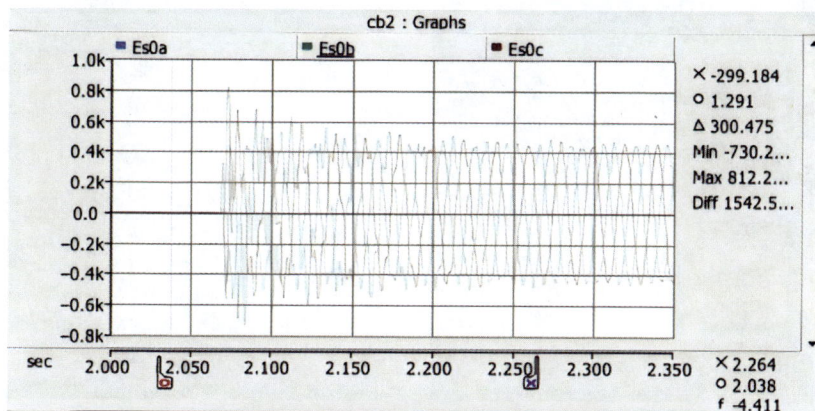

（d）乙线楚庭侧合闸操作过电压波形（带高抗）

图 2-6　过电压波形分析（二）

温系统、光纤测振系统、防入侵监测系统、隧道防沉降监测系统、人员定位系统、巡检机器人系统、火灾自动报警系统。上述系统均接入平台进行集中监控，统一管理，实现隧道智能化运维。

隧道全线配置机器人系统，是通过巡视机器人采集隧道内各关键设备设施的运行状态数据，并利用人工智能、数据建模技术，监控区域内关键设备设施运行状态、监测环境有无安全环保隐患、有无甲烷等有害气体泄漏、所属关键设备有无劣化趋势、地面有无积水情况、区域内有无火灾等危急情况的无人巡检和状态检修系统，实现电缆隧道的智能化安全巡检与自动化灭火操作。隧道机器人系统采用了红外热成像 AI 智能测温算法、红外快巡技术、基于深度学习的图像识别算法、基于 HMM 与神经网络技术的特征声音识别算法及边缘一体化架构的关键技术及创新点，有效保障了隧道巡检机器人系统的识别水平。隧道内气体传感器、温湿度安装及出入口摄像机安装图见图 2-7，隧道轨道机器人见图 2-8。

图 2-7 隧道内气体传感器、温湿度安装及出入口摄像机安装图

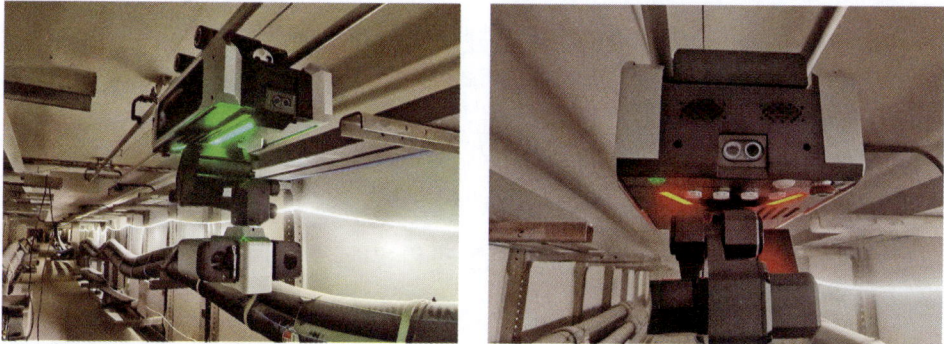

图 2-8　隧道轨道机器人

9. 采用三频集约化设备，全面赋能智能电网

隧道内传统 Wi-Fi 覆盖、射频拉远单元（Remote Radio Unit，RRU）覆盖、普通直放站等覆盖方式，存在设备众多，可靠性差，造价高的特点。500kV 楚庭—广南输变电工程采用空间无线收发光纤型多频集约化设备方案，一套设备融合 3 家运营商 4G+5G 频段一体化覆盖，实现隧道内 95% 的区域 RSRP/SS-RSRP≥-105dBm 的信号覆盖要求。根据对隧道全段的户外信号勘测数据，项目选用 1.8、2.6、3.5GHz 三个频段实施，同时满足三家运营商 4G+5G 信号覆盖。

500kV 楚庭—广南输变电工程采用三频集约化设备，实现了楚庭—广南电力隧道主流三大运营商（中国移动、中国电信、中国联通）的 4G+5G 信号一体化覆盖，为全国首个 4G+5G 多频全融合 500kV 输变电工程，全面赋能智能电网。集约化设备组网系统示意图见图 2-9。

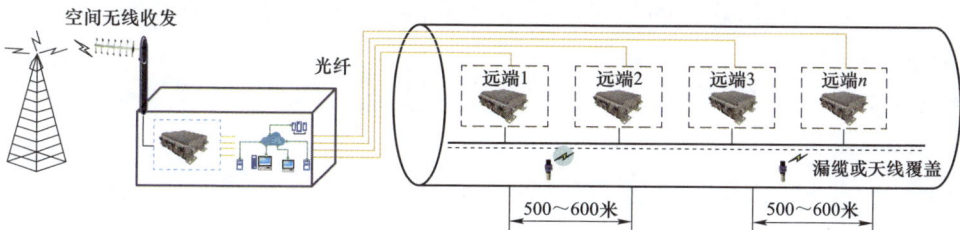

图 2-9　集约化设备组网系统示意图

10. 采用数字孪生技术，全面提升隧道数字智能运维及数字化管理水平

响应南方电网《数字电网推动构建以新能源为主体的新型电力系统白皮书》《南方电网公司建设新型电力系统行动方案（2021—2030 年）白皮书》《南方电网公司服务碳达峰、碳中和工作方案》以及《南方电网公司 2021 年新型电力系统建设工作计划》，积极推动电网数字化建设，全力服务碳达峰、碳中和目标实现。结合电缆隧道数字档案管理和智能运维的需求，对隧道全线建设数字孪生系统，实现各个监测系统、数字化模型之间的数据交互、集中管理和联动，有效推进 500kV 电力隧道数字智能运维及数字化管理水平。

根据设计图纸建模，快速建立一套楚庭隧道 BIM 模型，关联设备现场施工数据及表单，系统管理数字档案以及基建施工全过程数据。依据激光点云，对 500kV 楚庭—广南输变电工程进行 1:1 精细化建模，对接实时监测数据，实现电缆本体及设备的智能管理、辅助用户决策分析、三维空间测量、防外力破坏等功能。实现智能监视、智能巡视、智能分析、智能运检，为电缆运行和管理人员提供更为全面、精细的线路运行状态展现及智能化管理。楚庭隧道数字孪生系统示意图见图 2−10，孪生系统智能巡视展示见图 2−11。

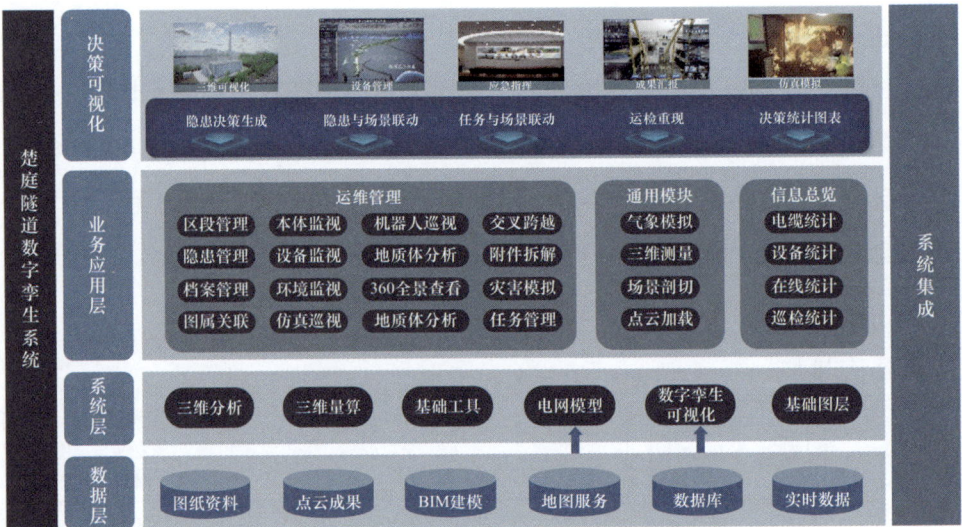

图 2−10　楚庭隧道数字孪生系统示意图

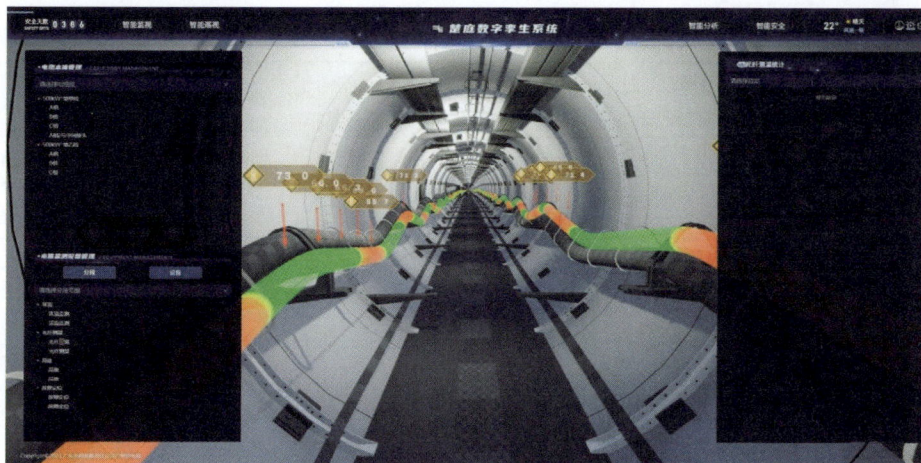

图 2-11　孪生系统智能巡视展示

11. 基于 500kV 电缆隧道设计开展隧道标准化设计

为落实"一体化、规范化"管理精神，实现"规范达标、绿色可靠、文档齐全、零缺陷"的基建工程目标，深入开展并落实标准建设工作，进一步提高施工图纸精细化程度，基于楚庭 500kV 电缆隧道设计，特制定南方电网电力隧道标准设计。电力隧道标准设计分 8 个模块，见表 2-1。

表 2-1　　　　　　　　标 准 设 计 模 块 清 册

序号	模块名称	模块/子模块编号	模块内容	模块/子模块使用条件
1	明挖法电力隧道基本模块	TJ-2M12S	12 回电缆明挖法电缆隧道，一般平面布置示意、断面布置、防火封堵样式	隧道内敷设 4 回 220kV、8 回 110kV 电缆，电缆采用水平蛇形敷设，设置专用电缆接头层
		TJ-2M10S	10 回电缆明挖法电缆隧道，一般平面布置示意、断面布置、防火封堵样式	隧道内敷设 4 回 220kV、8 回 110kV 电缆，电缆采用水平蛇形敷设，设置专用电缆接头层
		TJ-2M08S	8 回电缆明挖法电缆隧道，一般平面布置示意、断面布置、防火封堵样式	隧道内敷设 4 回 220kV、8 回 110kV 电缆，电缆采用水平蛇形敷设，设置专用电缆接头层
		TJ-2M06S	6 回电缆明挖法电缆隧道，一般平面布置示意、断面布置、防火封堵样式	隧道内敷设 4 回 220kV、8 回 110kV 电缆，电缆采用水平蛇形敷设，设置专用电缆接头层
		TJ-5M08C	8 回电缆明挖法电缆隧道断面布置	隧道内敷设 4 回 500kV、4 回 220kV 电缆，电缆采用垂直蛇形敷设，设置专用电缆接头层

续表

序号	模块名称	模块/子模块编号	模块内容	模块/子模块使用条件
2	矿山法电力隧道基本模块	TJ-2K20S	20 回矿山法电缆隧道，一般平面布置示意、断面布置、防火封堵样式	隧道内敷设 6 回 220kV、14 回 110kV 电缆，电缆采用水平蛇形敷设，设置专用电缆接头层
		TJ-2K18S	18 回矿山法电缆隧道，一般平面布置示意、断面布置、防火封堵样式	隧道内敷设 6 回 220kV、12 回 110kV 电缆，电缆采用水平蛇形敷设，设置专用电缆接头层
		TJ-2K16S	16 回矿山法电缆隧道，一般平面布置示意、断面布置、防火封堵样式	隧道内敷设 6 回 220kV、10 回 110kV 电缆，电缆采用水平蛇形敷设，设置专用电缆接头层
		TJ-2K14S	14 回矿山法电缆隧道，一般平面布置示意、断面布置、防火封堵样式	隧道内敷设 4/6 回 220kV、10/8 回 110kV 电缆，电缆采用水平蛇形敷设，设置专用电缆接头层
		TJ-2K12S	12 回矿山法电缆隧道，一般平面布置示意、断面布置、防火封堵样式	隧道内敷设 4 回 220kV、8 回 110kV 电缆，电缆采用水平蛇形敷设，设置专用电缆接头层
		TJ-2K10S	10 回矿山法电缆隧道，一般平面布置示意、断面布置、防火封堵样式	隧道内敷设 4 回 220kV、6 回 110kV 电缆，电缆采用水平蛇形敷设，设置专用电缆接头层
		TJ-2K08S	8 回矿山法电缆隧道，一般平面布置示意、断面布置、防火封堵样式	隧道内敷设 2 回 220kV、6 回 110kV 电缆，电缆采用水平蛇形敷设，设置专用电缆接头层
		TJ-2K06S	6 回矿山法电缆隧道，一般平面布置示意、断面布置、防火封堵样式	隧道内敷设 2 回 220kV、4 回 110kV 电缆，电缆采用水平蛇形敷设，设置专用电缆接头层
3	盾构法电力隧道基本模块	TJ-2G18S	18 回盾构法电缆隧道一般平面布置示意、断面布置、防火封堵样式、典型工作井布置	隧道内敷设 6 回 220kV、12 回 110kV 电缆，电缆采用水平蛇形敷设，设置专用电缆接头层，6m 盾构断面
		TJ-2G16S	16 回盾构法电缆隧道一般平面布置示意、断面布置、防火封堵样式	隧道内敷设 6 回 220kV、12 回 110kV 电缆，电缆采用水平蛇形敷设，设置专用电缆接头层，6m 盾构断面
		TJ-2G14S	14 回盾构法电缆隧道一般平面布置示意、断面布置、防火封堵样式	隧道内敷设 4/6 回 220kV、10/8 回 110kV 电缆，电缆采用水平蛇形敷设，设置专用电缆接头层，6m 盾构断面
		TJ-2G12S	12 回盾构法电缆隧道一般平面布置示意、断面布置、防火封堵样式	隧道内敷设 4 回 220kV、8 回 110kV 电缆，电缆采用水平蛇形敷设，设置专用电缆接头层或不设接头层，6m 或 4m 盾构断面

序号	模块名称	模块/子模块编号	模块内容	模块/子模块使用条件
3	盾构法电力隧道基本模块	TJ-2G10S	10 回盾构法电缆隧道一般平面布置示意、断面布置、防火封堵样式、典型工作井布置	隧道内敷设 4 回 220kV、6 回 110kV 电缆，电缆采用水平蛇形敷设，设置专用电缆接头层，4m 盾构断面
		TJ-5G08C	8 回盾构法电缆隧道断面布置	隧道内敷设 4 回 500kV、4 回 220kV 电缆，电缆采用垂直蛇形敷设，不设电缆接头层，4m 盾构断面
4	顶管法电力隧道基本模块	TJ-2D12S	12 回顶管法电缆隧道，一般平面布置示意、断面布置、防火封堵样式	隧道内敷设 4 回 220kV、8 回 110kV 电缆，电缆采用水平蛇形敷设，不设接头层，4m 顶管断面
		TJ-2D10S	10 回顶管法电缆隧道，一般平面布置示意、断面布置、防火封堵样式、典型工作井布置	隧道内敷设 4 回 220kV、6 回 110kV 电缆，电缆采用水平蛇形敷设，设置专用电缆接头层，4m 顶管断面
		TJ-2D08S	8 回顶管法电缆隧道，一般平面布置示意、断面布置、防火封堵样式、典型工作井布置	隧道内敷设 2 回 220kV、6 回 110kV 电缆，电缆采用水平蛇形敷设，设置专用电缆接头层，4m 顶管断面
		TJ-2D06S	8 回顶管法电缆隧道，一般平面布置示意、断面布置、防火封堵样式、典型工作井布置	隧道内敷设 2 回 220kV、4 回 110kV 电缆，电缆采用水平蛇形敷设，设置专用电缆接头层，4m 顶管断面
		TJ-5D08C	8 回顶管法电缆隧道断面布置	隧道内敷设 4 回 500kV、4 回 220kV 电缆，电缆采用垂直蛇形敷设，不设电缆接头层，4m 顶管断面
5	工作井建筑子模块	TJ-1	典型工作井建筑图，常规出地面设施	建设条件不受限，可以建设较高大的风亭及出入口
		TJ-2	典型工作井建筑图，受限出地面设施	建设条件受限，不能建设较高大的风亭及出入口
		TJ-3	典型工作井建筑图，简易风亭	建设条件受限，不能建设出入口，但需满足通风要求
6	结构防水子模块	TJ-W	外部防水措施，外包式防水结构	明挖隧道区间、矿山法隧道区间或工作井，具备外包防水施作空间

序号	模块名称	模块/子模块编号	模块内容	模块/子模块使用条件
6	结构防水子模块	TJ-N	外部防水措施,内涂式防水材料	明挖隧道区间、矿山法隧道区间或工作井,不具备外包防水施作空间,或对各种工法衬砌有特殊防水要求
7	电缆支架子模块	TJ-2G16S-A1	电缆支架图,外露式电缆支架普通钢型式	6m 盾构断面,隧道内敷设 16 回电缆,水平蛇形敷设
		TJ-2D10S-A1	电缆支架图,外露式电缆支架普通钢型式	4m 顶管断面,隧道内敷设 10 回电缆,水平蛇形敷设
		TJ-5G08C-A2	电缆支架图,外露式电缆支架不锈钢型式	4m 盾构断面,隧道内敷设 8 回电缆,垂直蛇形敷设
8	机电安装基本模块	JD-A	机电安装图,采用标准配置的电力隧道暖通、给排水、供配电、照明、消防、监控等典型设计方案	满足常规隧道需求
		JD-B	机电安装图,采用高配置的电力隧道暖通、给排水、供配电、照明、消防、监控等典型设计方案	满足高标准运维需求、综合管廊电力舱、迁改工程专用电力隧道等
		JD-C	机电安装图,采用简易配置的电力隧道暖通、排水、供配电、照明等典型设计方案	简易电力隧道

注 模块编号含义详见《南方电网公司标准设计与典型造价 V3.0》(电力隧道)部分。

2.4 管 理 成 效

500kV 广南至楚庭双回电缆线路属于特大城市复杂地下空间超高压电缆通道集成设计。面临地下空间管线、地质等复杂,以及超高压电缆隧道内部空间高效利用、路缆协同、路径优化等难题。在精益质量设计管理理念下,设计部门为了解决这些难题进行了多次调研。

针对超高压电缆隧道截面,提出了长短支架交替的电缆支架横担形式、拱形铰接钢环梁、预埋螺栓及垫片卡扣固定方式,开发出圆形电力隧道用新型自平衡电缆支架系统，提高了电缆支架对大截面超高压电缆附件的承载能力，实现了电缆中间接头与电缆本体同层布置。采用新型自平衡电缆支架系统后，楚庭电缆工程隧道管容利用率提升了 60%。

对于地下空间管线复杂的问题，提出了复杂地下空间中电缆通道的路-缆同步协同设计方法，建立了计及空间位置、地质条件与支架结构的高颗粒度仿真模型，分析了邻近地铁隧道对电缆通道的振动响应，缩短了长距离电缆通道的路径布局和提升了与现有管路等地下构筑物的友好兼容度，见图 2-12。

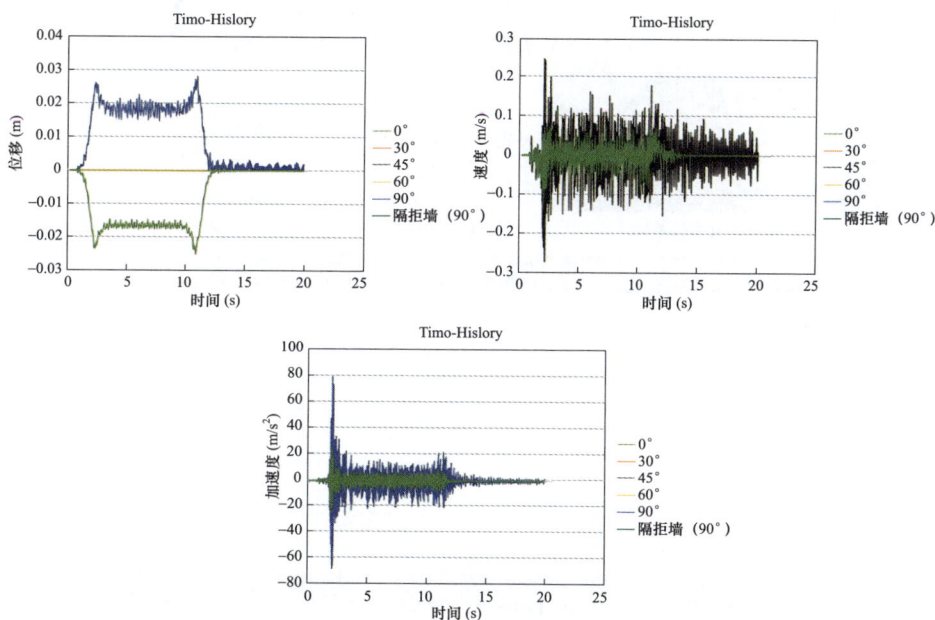

图 2-12　仿真模型模拟结果分析

对于 500kV 广南至楚庭双回电缆线路中临近地铁路段，受地铁振动影响较大的问题，在设计环节，开展了电力隧道受地铁振动响应缩尺模型箱试验研究，见图 2-13。

在 500kV 广南至楚庭双回路线路的建设过程中，构盾掘进断面的贴合问题和盾构机适应极小半径转弯时铰接系统密封一直是困扰工程推进的关键难题。为了切实有效地解决这两个棘手问题，工程团队在设计环节投入了大量

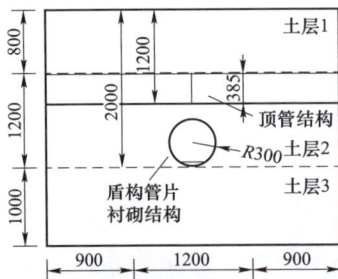

地铁隧道-地层-电力隧道相互作用缩尺比例模型

动态信号采集仪　波段开关电路板

动态信号分桥系统　应变测试桥盒　外置供电电源

缩尺比例模型多维度数据采集系统

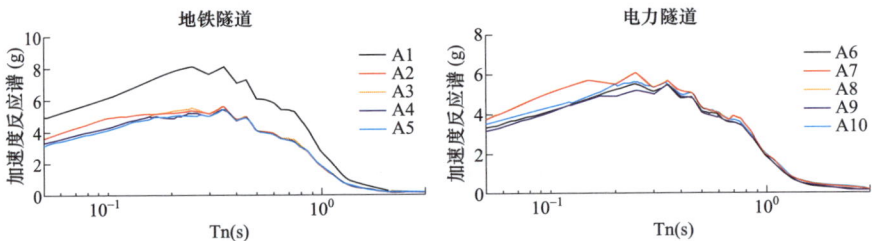

加速度反应谱（地震动地面峰值加速度PGA=0.2g）

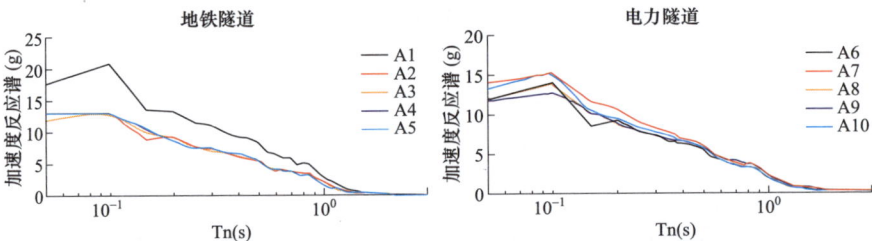

加速度反应谱（地震动地面峰值加速度PGA=0.8g）

图2-13　电力隧道受地铁振动响应缩尺模型箱试验研究

的时间和精力，经过多方深入调研、反复论证以及大量的实验研究。最终，提出了基于双仿形刀的自适应超挖量刀盘设计方法，发明了球面铰接和两道成型加一道止的密封设计，见图 2-14。创新的设计方法经过实践检验，有效地解决了构盾掘进断面的贴合问题，攻克盾构机适应极小半径转弯及铰接系统密封难题，为工程的顺利建设奠定了坚实的基础。

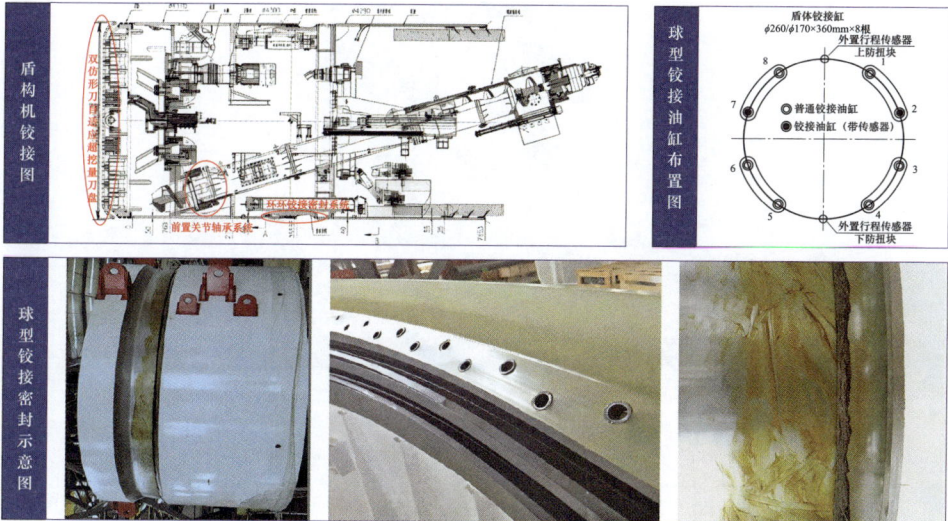

图 2-14　铰接系统密封研究

为了提升有限作业空间内的灵活度和效率，设计了转弯半径关联自适应前置关节轴承和同步双向顶进的反力架，使螺旋输送装置能够摆动 1.5°，减少了螺旋输送装置对盾构机小半径转弯时的限制并加快了盾构分体始发速度，见图 2-15。

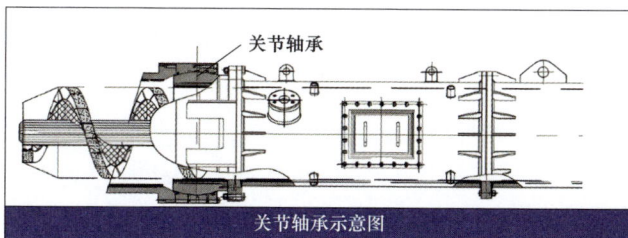

图 2-15　转弯半径关联自适应前置关节轴承与同步双向顶进的
反力架研究（一）

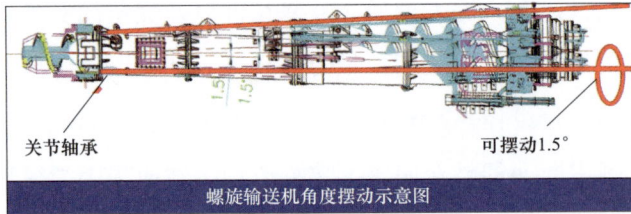

螺旋输送机角度摆动示意图

反力架仿真应力云图

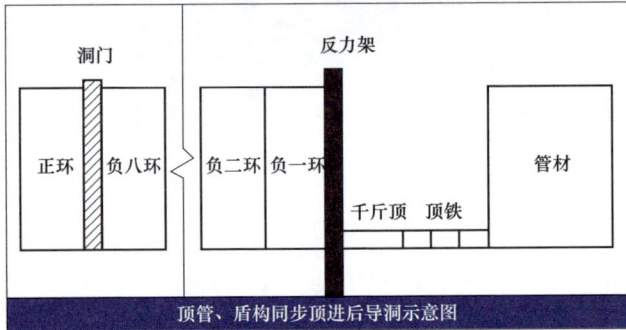

顶管、盾构同步顶进后导洞示意图

图 2-15 转弯半径关联自适应前置关节轴承与同步双向顶进的
反力架研究（二）

第3章　四层滤网设备管理机制

　　四层滤网设备管理机制是一种分层级、精细化的电缆设备管理模式。四层滤网管理概念源自 PDCA 循环理论。

　　（1）计划（Plan）：四层滤网设备管理机制的设计与规划阶段可以对应 PDCA 循环中的计划环节。明确设备管理的目标、制定各层滤网的具体标准和流程，确定如何通过不同层次的筛选和管理来确保设备的高效运行。

　　（2）执行（Do）：按照既定的四层滤网管理机制执行设备管理工作，对设备进行层层筛选和监控，采取相应的维护、维修等措施。

　　（3）检查（Check）：定期对四层滤网设备管理机制的执行效果进行检查和评估，看各层滤网是否有效地发挥了作用，设备的运行状况是否达到预期目标。

　　（4）处理（Act）：根据检查结果，对四层滤网设备管理机制进行调整和改进，对于发现的问题及时采取纠正措施，持续优化设备管理流程。

　　在电缆线路资产全生命周期管理中，四层滤网设备管理机制的引入，旨在通过层层筛选和控制，确保电缆线路的稳定运行和延长使用寿命。该机制不仅关注设备的初始质量，更重视在使用过程中的持续监控和维护，以实现对电缆线路资产的全面质量管理。

　　广州供电局物资品控管理按照"主网重监造、配网重检测"的原则，执行设备监造、到货抽检、专项抽检、送样检测，通过多年来的努力和创新，形成了具有广州供电局特色的"四层滤网＋靶向监造"监造管理模式和"技术规范书级检查＋样机验收＋常规抽检＋运抽联动"检测管理模式的物资品控管理体系。

　　500kV 电缆线路的设备质量管理包括电缆本体及附件等关键设备的选型、采购、安装、调试、使用和维护等全过程的管理，通过有效的系统整合设备生产制造、使用维护相关单位的质量管理、质量维护和质量改进工作，构建全程管控、全企联动、全员参与的设备质量管理体系，并在设备选型、制造等关键环节逐项落实，确保设备质量满足工程建设和稳定运行要求。

3.1　管　理　理　念

1. 全程管控，预防为主

　　全过程质量管理不仅要管理生产制造过程，而且要管理市场调查、研究开发、设计、生产准备、采购、生产制造、包装、检验、储存、运输、安装、使用等全过程。明确设备开发、设计、制造、使用和维护中的质量目标，制定相应的质量标准和测试方法，对产品质量进行事前控制，使每一道工序都处于可控状态。500kV 电缆线路设备应以运行需求为导向，基于国标、行标及电网公司相关规定建立技术标准体系并落实执行，精细化管控电缆及附件设备的选型、生产环节，确保设备质量满足技术条件要求。

2. 全企联动，构建体系

　　全企业管理的一个重要特点是强调质量管理工作不局限于质量管理部门，要求企业所属各单位、各部门都要参与质量管理工作，共同对设备质量负责。建立设备质量体系是开展质量管理工作的一种最有效的方法与手段，该体系应包括设备质量管理的组织结构、职责分工、工作流程等方面，同时要与企业的质量管理体系相衔接，确保设备质量管理与企业整体质量管理的一致性。500kV 电缆线路设备的设计研发、生产制造、使用维护等各个环节均涉及制造商、用户单位的不同部门，需明确各方责任和管理要素，形成本单位的质量管理体系，通过质量检验、质量检测和质量监控等质量控制手段确保设备质量稳定可靠。

3. 全员参与，提升质量

质量管理的实施要求全员参与，并且要以数据为客观依据。全面质量管理要求把质量控制工作落实到每一名员工，让每一名员工都关心产品质量，以发现解决并解决问题为导向，持续改进设备质量。500kV 电缆线路核心设备电缆本体及附件目前国内外应用较少，其材料、结构、工艺等仍在不断优化完善，包括改进设备设计、改进工艺流程、改进质量控制手段等。同时，要建立健全的问题反馈机制，收集相关人员在产品制造、工程建设、运行维护环节发现的设备问题，以及用户反馈和投诉等，及时分析问题原因并采取相应的改进措施。

3.2　管　理　目　标

在 500kV 电缆线路设备管理中，引入四层滤网设备管理机制，结合全程管控、全企联动、全员参与的管理理念，制定如下管理目标：

（1）功能性保障。确保电缆线路设备的载流量、绝缘性能、屏蔽效果等关键性能指标完全满足 500kV 电力传输的严格需求。在设备选型、制造环节严格把关，依据技术标准体系精细化管控，保障电力稳定、精准传输，有效降低线路损耗。

（2）安全稳定运行。严格遵循国家、行业、地方的法律法规以及设备运行与维护的技术规定中的安全要求。每月进行一次安全检测，每季度开展一次全面隐患排查，确保设备运行、维护及相关服务的安全性，杜绝因设备故障引发的电力事故，保障人员安全和电网安全稳定运行，全年安全事故发生率为零。

（3）成本效益优化。设备采购、运维成本严格控制在预算规划范围内，通过优化设备选型、合理安排维护计划、采用先进节能技术等措施，在确保设备性能的前提下，降低设备全生命周期成本。

（4）环境适应能力。设备能够适应不同的地理环境、气候条件以及电磁干扰等复杂工况，满足 500kV 电缆线路在各类特殊条件下的运行需求。针对不同环境条件制定相应的设备防护和运行保障措施，确保设备长期稳定运行，提高电网的抗干扰能力和可靠性。

（5）高效可实施性。设备的安装、调试、维护等操作严格符合相应的施工与维护规范，施工方案经专家论证，确保科学合理、切实可行。每月对设备管理方案的执行情况进行检查，保障设备管理方案能够有效执行，确保设备始终处于良好运行状态。

（6）高可用性达成。设备设计充分考虑运行维护的便捷性，具备良好的可维护性和可操作性，配备完善的监测与诊断系统，符合现行设备技术规定中的相关要求。运用智能监测技术，实时掌握设备运行状态，及时发现并处理潜在问题，减少设备停机时间。

（7）时间精准把控。设备维护计划、升级改造工作以及应急抢修安排合理高效，确保 500kV 电缆线路的运行不受设备管理工作的延误。设备维护周期严格按照规定执行，保障电缆线路的持续供电，提高供电可靠性。

为实现上述管理目标，基于四层滤网设备管理机制，将管理职能通过工作分解结构（WBS）细化，明确各岗位人员的职责，使每个设备管理人员的工作目标与设备管理目标紧密相连。管理单位每季度对设备管理目标的实施结果进行统计、分析与评价，及时采取预防或纠正措施，防止出现任何偏离设备管理目标的情况，全力确保设备管理目标的顺利实现。

3.3 管 理 实 践

3.3.1 管理支撑

1. 健全的设备质量管理体系

在为确保设备质量满足工程建设及运行要求，需要建立健全的设备质量管理体系。在设备选型阶段，建立设计审查机制；在设备制造阶段，将主变压器、GIS 的"四层滤网"监造机制延伸至 500kV 电缆监造中，通过开工审查、关键点见证、出厂放行、交接试验监督（见图 3-1），完善电缆监造管理体系，严把电缆入网质量关。

图 3-1　四层滤网管理流程图

2. 完备的质量管控技术手段

在电缆及附件设备生产制造过程中，需要对产品质量进行管控，通过充分的技术调研，编制 500kV 交联聚乙烯电力电缆及附件监造技术文件，建立监造技术标准，确保设备性能满足技术规范要求。

在监造、抽检等物资品控标准中，已明确结构尺寸、电气性能、机械性能等检测项目及技术参数，需要检测部门配置相应检测仪器、装备按照国家、行业标准进行检测，在此基础上还可以采用 X 光无损检测技术对电缆附件进行探伤，确保产品性能满足工程建设和稳定运行需求。

依托数字化手段，通过数字品控系统进行电缆生产试验数据的自动采集与分析。

3. 全面自主监造夯实设备质量

500kV 电缆及附件采用自主监造＋第三方监理辅助监造的模式，通过业主全面自主监造、监理全程跟进、多专业全方位参与，把控设备质量细节、将问题消灭在入网之前，确保 500kV 电缆及附件高质量入网。

4. 全面的培训和人才支持

为了确保产品质量管控工作的全面性和准确性，需要提供充足的技术培训和人才支持。通过组织培训班、开展技术交流等方式，提高电缆监造人员专业技能和知识水平，同时引进和培养专业的电缆设备质量管理人才，建立跨部门、跨单位的专家会诊、集中工作模式，提供有力的人才保障。

3.3.2 案例分析

在 500kV 楚庭—广南输变电工程的设备管理进程中，四层滤网设备管理机制发挥了极为关键的作用，切实保障了项目设备的质量与可靠性。本案例旨在通过设备监造的工作实施过程来展示四层滤网社保管理机制如何在实际操作中发挥作用。

1. 监造工作组及职责

工作组由品控中心、供应链中心、运行单位、监理公司等组成。

（1）品控中心。

1）监造工作组组长单位。

2）负责项目监造及技术管理，负责编写监造方案并监督自主监造实施。

3）审核、确认监造过程中发现的异常情况，对于无法立即解决的问题上报广州供电局生技部与供应链部。

4）参与监造设备质量事故或异常情况的调查分析工作。

5）参与出厂试验放行和设备出厂放行审查工作。

6）组织监造工作组审核、确认出厂试验结果。

7）负责审核监造工作总结报告。

（2）供应链中心。

1）监造工作组成员单位。

2）负责协调、处理设备监造发现的质量及进度等问题。

3）负责向监造工作组制作、提供监造资料包等相关资料。

4）负责将监造方案、监造人员名单、监造工作内容及要求制造单位配合情况以书面形式通知制造单位。

5）负责从厂家获取关键点监造时间信息。

6）组织监造工作组前往生产厂家进行关键点见证。

7）负责监造工作期间的协调工作。

8）组织开工审查、启动会等相关工作。

（3）运行单位。

1）监造工作组成员单位是设备业主单位。

2）负责监督审查设备监造日志和联络单。

3）负责按照监造方案，根据排产计划及监造关键点前往现场实施监造。

4）提供安装现场要货、投产计划。

5）参与监造设备质量事故或异常情况的调查分析工作。

6）参与出厂试验放行和设备出厂放行审查工作。

7）参与审核设备出厂试验结果。

8）参与出厂试验放行和设备出厂放行审查工作。

9）负责审核监造工作总结报告。

（4）监理公司。

1）全过程见证的辅助执行单位。

2）辅助负责执行监造方案。

3）随机监督生产计划执行情况。

4）辅助负责向进行驻厂监造的人员提供监造结果、报告、表单，以备查询。

5）辅助负责监造全程现场协调工作。

6）参与开工审查、出厂试验放行和设备出厂放行资料收集及审查工作。

7）辅助负责审核设备出厂试验结果。

8）作为监造受托单位编写全过程监造报告。

2. 监造范围与内容

（1）设备监造流程图见图 3-2。

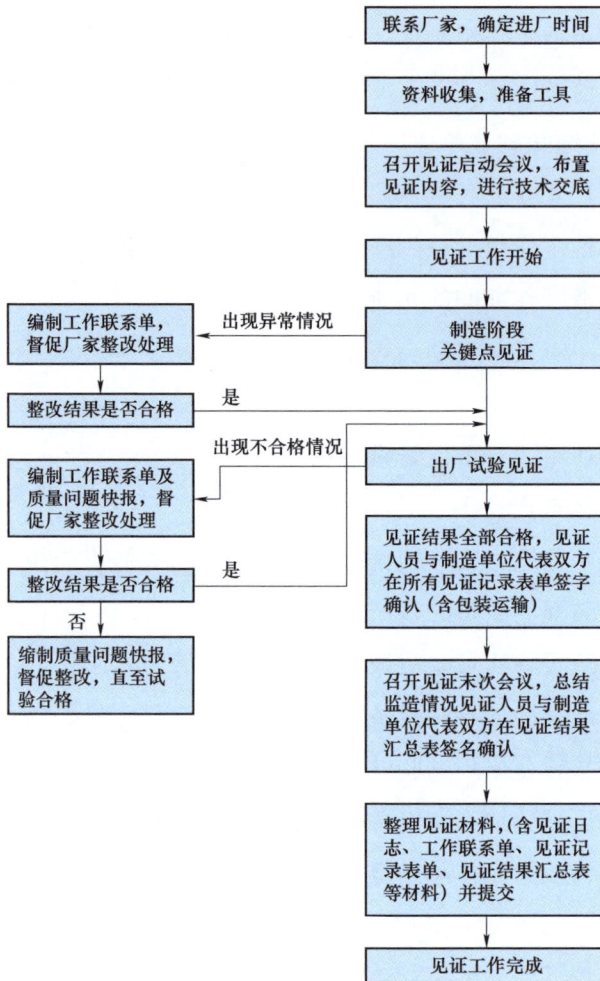

图 3-2 设备监造流程图

（2）监造工作节点设置表见表 3-1。

表 3-1 监造工作节点设置表

序号	节点名称	工作说明及要求	输出材料
1	资料收集	收集资料，形成监造资料包，具体包括但不限于： 1. 设备技术协议； 2. 相关技术标准、公司技术规范； 3. 本工作手册； 4. 供应商排产计划； 5. 公司反措执行情况表。 见证人员进厂前还需携带数码相机、笔记本电脑等必要的办公用品	监造资料包

序号	节点名称	工作说明及要求	输出材料
2	启动会议	召开监造工作启动会议,内容包括: 　1. 监造工作计划的讨论确认。监造工作可划分若干个工作阶段,明确日程安排及见证内容。 　2. 设备技术交底。根据技术协议及公司反措要求,明确供应商对技术协议的响应,针对多发问题或新旧技术规范差异进行重点讨论及明确;供应商提供经业主认可的设计变更等相关材料,启动会议后提供的补充材料见证小组不予认可。 　3. 见证内容交底。明确监造技术要求,供应商应认真无误的填写见证记录表单中厂家内控标准部分,作为见证标准要求之一。 　4. 明确工作组成员分工,需厂家配合内容。主要职责有:供应商及时更新排产计划并通知供电局供应链中心;供电局见证人员负责具体见证工作并编制所需材料;品控中心见证人员负责技术支持与指导。 　5. 明确安全、纪律要求。供应商宣讲监造期间厂内纪律要求,进行安全交底。双方签订安全、纪律协议书。 　6. 明确各方代表及联络方式	会议纪要 监造方案 安全纪律 协议书
3	开工审查	召开项目开工审查会,对监造资料进行资料审查、技术协议核对、试验方案审查,品控技术中心、变电运行单位出具开工审查意见单,给出审查结论	开工审查意见单
4	关键点见证	监造公司根据相关工作要求开展关键点见证工作,并编制监造日志,在 1 个工作日内发送至品控技术中心及供应链中心。日志应包含以下内容: 　1. 当天工作内容; 　2. 明日工作计划; 　3. 需协调问题; 　4. 相关见证照片	见证日志
		填写见证记录表单	见证记录表单
		质量问题跟踪与处理: 　1. 监造工作中发现的异常情况或需澄清问题、设备质量问题,监造公司应编制工作联系单,说明问题发现过程并附带相关照片,并交由厂家进行书面回复,必要时要求厂家编制整改方案。 　2. 工作联系单应连同当天日志一并报送供应链中心、品控中心	工作联系单 质量问题 整改方案
5	出厂试验报备	制造阶段完成,监造公司形成出厂试验申请资料,由驻厂监理审核,发至品控中心、供应链中心备案	出厂试验申请资料
6	出厂资料	监造公司及见证人员审核出厂试验结果无误后,形成出厂放行资料,监造公司出具出厂放行审核意见单供生技部、工作组成员单位审核	出厂放行资料 出厂放行审核意见单
7	出厂放行	监造工作结束后,监造公司填写出厂放行单(含包装运输环节)。供电局供应链中心需确认产品只有在全部缺陷整改处理完成且全部试验项目结果合格,在《出厂放行单》中盖章,设备才能出厂	出厂放行单
8	监造工作总结及材料的报送	监造公司总结监造情况,梳理监造工作中发现问题,并核实是否已整改完毕。将相关材料(日志、工作联系单、见证记录表、见证结果汇总表)作为附件一并提交至品控技术中心、变电运行单位审核	监造工作总结及材料报送

3. 监造关键点

（1）关键点见证要求。采用"自主监造为主＋监理单位为辅"的方式开展监造。经监造工作组会议讨论，决定对 500kV 电缆按照业主单位人员全过程监造和外委驻厂监理人员全程辅助见证的形式开展监造工作：

1）作为驻场监造实施单位，运行单位负责派人驻场全程监督该项目组合电器生产的全部环节，对《500kV 交联聚乙烯绝缘电力电缆监造技术文件（2022 版）》规定的全部关键点进行见证。

2）监理单位按要求派出技术人员参与电缆关键点见证及出厂试验见证。H 见证点包括局部放电试验、电压试验、非金属护套电气试验、气密性试验。所有 H 点均分布于出厂试验中，具体见证时间安排由厂家排产计划而定。

3）对于自主监造见证关键点，供应商应在项目开始前拟定准确的生产计划，并至少应在监造见证关键点开始实施前 5 个工作日书面通知供应链中心及监造公司，并由供应链中心安排人员见证，对停工待检工序应停工待检；由于供应商未提前通知业主单位和监理公司并拒绝停工待检、导致关键点未得到见证的，未见证关键点内容监造人员有权要求供应商重新开展见证（如拆除重装或重新开展试验）。对关键点见证结果记录到监造表单，并进行拍照取证，供应商应积极配合，不得以各种理由阻止监造见证人员对本工程设备制造过程拍照取证。

根据项目排产计划，业主单位监造人员参与见证（原则上对每个间隔设备进行见证，可根据实际情况调整），若需方根据实际情况进行调整，调整后及时通知供方。

（2）监造见证关键点的具体内容、方法及注意事项。监造工作组对电缆出厂试验进行自主监造，并抽样核查已完成工记录是否完整并符合要求。

1）生产工序检验。

a. 导体工序。拉丝过程抽测线芯直径，外观要求拉丝后线芯表面光亮圆整无污、无损伤屏蔽的毛刺锐边。绞合过程抽测成缆后的导体直径、截面积以及导体电阻率，外观要求表面光滑、不得有毛刺锐边及缺股、断线、跳股等情况。重点检查线芯焊点的距离是否大于 300mm，紧压效果是否良好。

　　b. 绝缘工序。在电缆分段时头尾取样，抽测导体屏蔽层、绝缘层及绝缘屏蔽层的平均厚度及绝缘层的偏心度等数据。外观要求在三层的交界面上应光滑无尖角、颗粒、烧焦或擦伤痕迹。

　　c. 绝缘去气和缓冲层绕包工序。随时检查并记录去气房内的温度是否恒定均匀，去气温度和时间是否符合制造厂内的工艺要求。检查电缆的冷却过程，检查电缆所处的冷却环境是否不受潮气侵蚀或灰尘污染。

　　d. 金属套制造工序。重点检查金属套的平均厚度和最小厚度，在工序结束后进行气密性试验。包括压铝工艺和纵包氩弧焊工艺。

　　e. 外护套制造工序。外护套挤包过程主要检查挤出后表面是否光滑，要求表面应光滑圆整，无夹渣、气孔和疤痕，符合 GB/T 2952 标准。外导电层的涂敷或挤包过程，检查表面质量和成型是否均匀、光滑、牢固和完整。包装运输阶段，产品包装前重点检查电缆的标识牌是否明确，电缆是否有托盘进行紧固。

　　关键点设置示例见表 3-2。

表 3-2　　　　　　　　　　关 键 点 设 置 示 例

序号	项目	见证内容	见证方式		
			H（点）	W（点）	S（点）
1	工序环境	试验设备		√	
2	电缆接头	接头外观、尺寸		√	
		铜保护壳及绝缘层		√	
		环氧套管		√	
		应力锥绝缘料和半导电料性能		√	
		应力锥置中措施		√	
		导体连接杆和导体连接管材质		√	
		尾管及接地线鼻		√	
		终端内填充绝缘剂		√	

续表

序号	项目	见证内容	见证方式		
			H（点）	W（点）	S（点）
3	户外终端	导体		√	
		应力锥		√	
		应力锥压紧装置		√	
		填充绝缘介质		√	
		尾管		√	
4	GIS 终端	导体		√	
		应力锥		√	
		环氧管		√	
		应力锥压紧装置		√	
5	橡胶应力锥和橡胶绝缘件	绝缘料和半导电料性能		√	
		外观尺寸		√	
6	导体连接杆和导体连接管	导体连接杆和导体连接管材质		√	
		外观		√	
7	护层过电压保护器	保护器性能		√	
8	交叉互联接地箱及直接接地箱、保护接地箱	箱体材料、结构尺寸		√	
		防水等级		√	
		铜排截面		√	
9	同轴电缆及接地线	电缆材料、结构尺寸		√	
		直流电阻测试		√	
10	安装辅材	带材数量		√	
		铅锡合金数量		√	
		半导电带性能		√	
11	例行试验	局部放电试验	√		
		电压试验	√		
		气密性试验	√		

4. 监造实施具体要求

（1）质量控制。

1）监造人员进场前，监造工作组将监造方案相关内容、入厂安全、廉洁等有关事项进行内部交底。

2）参加被监造方生产工艺文件的审查，对其完整性、正确性及存在的问题、与合同及技术协议需求是否有偏差等，提出书面意见和建议。

3）审查被监造方组织规划、实施方案措施中有关保证制造质量的内容是否完整、合适，其要点如下：

a. 质量保证体系是否健全，人员是否到位，资质、职责是否明确。

b. 管理、技术人员及作业指导书规定的主要技术工种人员资质、配备及分工是否合适。

c. 技术方案、措施（或作业指导书）是否具有针对性、有效性。对工作中可能遇到的影响质量的情况，有无对应方案和保证质量的措施。

d. 作业指导书规定的主要设备机具及计量、测量等工具配备是否合适，检定证书是否有效。采用的质量标准、技术及评级记录表和质量检查验收项目划分是否合适。

e. 工艺纪律执行情况。

4）对原材料采用抽查验收（要求被监造单位质检部门组织检验并作好检验记录），并核查产品质量证明文件（包括出厂检验报告、合格证及第三方检验报告等），确认材料的质量。未经监造人员检查或检验的不合格的材料，监造人员应拒绝该材料进厂加工，并应签发监造工程师通知单，书面通知被监造方限期将不合格的材料撤出现场。

5）审核专职质检人员和特殊作业人员（如焊接人员）的资格证、上岗证。发现无证操作应立即通知被监造方停止其工作，调换合格人员。

6）审核被监造方报送的质量记录等资料，如果发现有与产品要求的不符合项，应查找原因或配合到现场复核；对于影响质量的问题，应被监造方落实处理。

7）产品制造过程中，监造人员对作业指导书规定的主要的、关键的工序设立质量管理点进行跟踪监控检查。停工待检点的设置项目的检查未经监造人员检查确认，不得进行下一道工序。监造人员在实施监造中应及时填报监造信息或填写监造日志。

8）严格控制工艺设计修改及设计变更，设计修改及设计变更须经审核。

9）核查被监造方建档的图纸、资料和监造组的有关工程监造资料，编写监造工作总结。

（2）进度控制。

1）审核被监造方的总生产进度计划、月生产进度计划核查进度计划是否满足采购合同要求或者变更调整后的进度安排是否合理。

2）对进度计划定期进行检查，如果发现工程的实际进度滞后或超前应及时分析原因，对于滞后计划，采取措施进行协调控制，以保证实现计划目标。

（3）合同管理。

1）不定期检查采购合同的履约情况，并进行跟踪监督管理。

2）对制造过程中的工程变更、安全事故以及违约合同事件，协助被监造方进行调查、分析、提出监造意见。

（4）信息管理。

1）建立以计算机辅助管理的信息网，收集制造过程中的各种信息，将有关信息及时输入信息网存储系统。

2）审查信息并进行整理汇总，并及时提供给相关方。

3）按时编写监造周报、监造月报，对质量、进度、安全等情况向有关单位通报。必要时编制专题（快报）报告。

4）及时收集外协监理公司监造资料。

（5）协调沟通工作。就监造工作三方的信息进行协调沟通处理，使项目的质量、进度等信息随时无任何障碍地沟通。

召开项目协调会议，通报项目情况，提出存在的问题，讨论整改方案措施，形成会议纪要经与会各方代表签认后监督执行。

5. 监造目标与工作计划

（1）监造组织机构图见图 3－3。

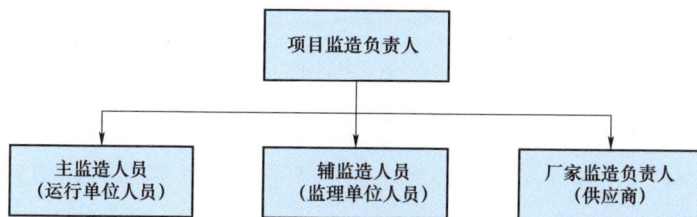

图 3－3　监造组织机构图

（2）质量控制目标。满足国家、行业及企业标准，生产流程符合生产制造企业产品技术文件，并符合订货合同、技术协议等相关文件，设备验收出厂合格率达 100%，设备无重大质量返修事件。

（3）进度控制目标。按照合同交货期、业主单位要求交货期或协商一致交货期，落实工厂生产计划，对生产工序过程进行进度控制，及时反馈协调，确保设备生产交货按里程碑完成。

（4）投资控制目标。控制设备生产过程技术变更导致的费用增加，控制交货进度以减少业主单位因怠工等引起的工程造价增加，以达到投资控制目标。

（5）安全控制目标。廉洁从业，守法诚信，防止发生违法违纪行为；遵守工厂纪律及安全管理要求，杜绝安全事故，保证人身和设备安全。

（6）合同管理目标。监造服务开展前与监理签订监造服务合同，严格履行合同条款，实现履约率 100%。

（7）信息管理目标。信息准确率 98%以上，杜绝重大信息误报漏报，信息反馈渠道有效及时，资料管理完整有序，全面地收集、加工、整理、存储和传达各类信息，使监造项目部第一时间了解设备监造情况。

（8）协调管理目标。在设备监理过程中，及时发现问题，及时、准确、全面收集有关信息，及时以协调会或书面沟通形式，让各相关方达成一致意见，使设备工程如期完成。

（9）监造工作计划。采取有效的手段，做好设备生产各实施阶段各种信息的收集、整理和归档，认真做好监造记录，并保证现场记录、试验、检验以及质量检查等资料的完整性和准确性。

通过以上一系列精心组织和有效实施的监造措施，包括供应链中心、运行单位、监理公司等各部门和单位的紧密协作，以及对设备生产全过程的质量、进度、合同、信息、安全等多方面的严格把控，本项目得以顺利完工。监造工作组不仅确保了设备出厂试验的严格审核和关键点见证的充分执行，还通过定期的进度检查、质量监督和协调沟通，有效解决了生产过程中的各类问题和挑战。同时，本项目还注重信息管理，确保了信息的准确性和及时性，为项目决策提供了有力支持。最终，设备验收出厂合格率达 100%，无重大质量返修事件，实现了质量、进度、投资、安全等多方面的控制目标，充分展现了本项目监造工作的专业性和有效性。

3.3.3 创新要点

500kV 电缆本体及附件作为技术含量高、应用案例少的工程核心设备，其质量管理具有全方位、全企业、全人员的特点，需要以设备选型、制造关键环节为抓手，从标准规范、组织保障、持续改进等方面构建全面、系统的质量管理体系，为后续工程建设、验收、运维、退役报废奠定基础。

500kV 电缆及附件产品的相关标准仅对基本材料性能、系统电气性能等进行规定，因此，需根据工程需求及企业采购要求制定更为细化的技术规范书，明确关键技术参数及质量验收要求。通过广泛的技术调研，编制专用的 500kV 电缆及附件技术规范书，明确相应物资的采购技术要求，编制 500kV 交联聚乙烯电力电缆及附件监造技术文件，明确 500kV 电缆及附件的监造关键点及监造标准。

提前开展 500kV 电缆及附件监造培训，提高电缆监造人员专业技能和知识水平，培养电缆监造人才，为后续开展 500kV 电缆及附件监造工作奠定人才基础。

（1）标准先行建立技术依据。电缆及附件选型要求主要体现在采购技术规范中，南方电网现有电缆附件技术规范书中仅包含 220kV 及以下电压等级。为了确保工程采购的 500kV 电缆及附件设备性能，项目建设初期基于《额定电压 500kV（$U_m=550kV$）交联聚乙烯绝缘电力电缆及其附件》（GB/T 22078—2008）系列产品标准编制了专用的 500kV 电缆及附件技术规范书，明确相应物资的采购技术要求。设备选型环节主要管控依据为《500kV 交流用交联聚乙烯绝缘电力电缆及附件技术规范书》，规范书规定了 XLPE 电缆及附件的设计、结构、性能、安装和试验等方面的技术要求，具体按照南方电网相关招投标要求进行物资采购，确保中标厂家提供满足设计选型要求的产品。

电缆及附件产品的生产制造环节按照厂家工艺文件进行，相应结构、材料机试验检测过程应符合国家行业标准以及采购技术文件要求。为了确保工程用电缆及附件产品的生产制造过程满足要求，制定了完善的监造工作方案，生产制造环节管控依据为广州供电局 2022 年 6 月 10 日发布并实施的《500kV 交联聚乙烯电力电缆监造技术文件（2022 版）》《500kV 交联聚乙烯电力电缆附件监造技术文件（2022 版）》。

（2）培养复合型人才夯实技术力量。

1）人才发展工作同步谋划。明确人才培养数量和质量，新增 500kV 附件安装资质取证 20 人，培养实战能力和项目管理复合型人才 10 人，新增电缆技师 5 人。围绕设备运维管理、检修管理、应急管理、资料管理等方面，建立 500kV 电缆人才培训课程体系，编制评价题库和标准。

2）人才发展工作同步实施。推进 500kV 电缆"项目＋"人才联合培养，根据项目管理、设备监造、验收运维等业务需求，建立人才点名参与项目机制，选派业务骨干组建专项柔性工作小组，深度参与项目全过程管理。开展 500kV 电缆专业技能培训，通过"理论＋实操""测评＋实战"等方式，持续提升电缆运维技能水平。围绕履历、业绩、技术技能等级等方面开展人才盘点，选拔一批熟练掌握 500kV 附件安装技术技能人才。

3）人才发展工作同步验收。成立业主项目部，统筹推进设备监造、设计评审、施工建设、交接验收、问题整改闭环等工作，促进工程实施与生产准备协同配合，在保障工程高质量验收的同时，有计划、有针对性地培养 500kV 电缆专业战略（杰出）人才，对于具备潜力的人选，给予精准支持，加快人才发展。

3.4 管 理 成 效

在 500kV 电缆线路设备管理中，四层滤网设备管理机制成效显著，全面提升了设备质量与运行稳定性，有力保障了电网安全高效运行。

（1）设备性能提升：通过严格的设备选型和制造管控，电缆线路设备的载流量、绝缘性能、屏蔽效果等关键性能指标稳定且远超 500kV 电力传输标准。电力传输效率显著提高，为城市用电提供了稳定可靠的能源保障。

（2）安全稳定运行：借助每月安全检测和季度全面隐患排查机制，及时发现并处理设备潜在安全隐患。自实施四层滤网设备管理机制以来，全年未发生因设备故障引发的电力事故，人员安全得到切实保障，电网安全稳定运行，有效提升了供电可靠性。

（3）成本效益优化：优化设备选型和维护计划，采用先进节能技术，使设备采购和运维成本严格控制在预算范围内。

（4）环境适应增强：针对不同地理环境、气候条件和电磁干扰等复杂工况，制订并实施了有效的设备防护和运行保障措施。在高温、高湿及强电磁干扰区域，设备依然保持稳定运行，提高了电网整体的抗干扰能力和可靠性。

第 4 章　工程建设土建智能质量管理机制

工程建设智能质量管理机制是一种在电缆工程建设过程中，将智能化技术手段深度融入质量管理的系统方法。在这个机制里，利用物联网、大数据、人工智能等智能技术，从电缆工程的规划设计、材料设备采购、施工安装到竣工验收的全生命周期环节，对质量相关的各种要素进行实时监测、精准分析和有效控制，辅助管理人员进行质量决策，从而有效保证电缆工程建设的质量和效率。

工程建设智能质量管理机制主要来源于全面质量管理（TQM）理论。全面质量管理（Total Quality Management，TQM）理念即以质量管理为中心，以全员参与为基础，目的在于通过让客户满意和本组织所有者、员工、供方、合作伙伴或社会等相关方受益，而使组织达到长期成功的一种管理途径。设备的全面质量管理包括全过程管理、全方位管理和全人员管理。

在电缆工程建设智能质量管理中，全员参与体现为涉及电缆工程的规划、施工、检测等人员都要纳入质量管控体系。全过程控制是对电缆工程从设计、材料采购、敷设安装到后期运维等环节进行质量把控。全企业管理是从工程企业内部各部门到合作单位都要确保质量理念贯彻。同时借助智能技术，如通过智能传感器收集数据、利用数据分析软件来检测质量异常等。这与 TQM理念相契合，也融合了以客户为关注焦点的理念，电缆工程的质量最终是要

51

满足用户在电力传输安全稳定等方面的需求。

工程建设是 500kV 电缆线路工程中重要的环节,在电气和土建两个方面加强质量管理对高压电缆的全生命周期有着重要的意义。只有在这两个方面都严格把控质量,才能确保高压电缆工程的安全可靠运行,为社会经济发展提供稳定的电力保障。

电力电缆线路的土建工程是电力系统建设中至关重要的一部分,它承载着电缆线路的重要功能和安全性。土建验收作为电力电缆线路建设和运行中不可或缺的环节,具有重要的意义。本文将从多个角度探讨电力电缆线路土建验收的重要性。

首先,电力电缆线路土建验收是确保工程质量和安全的重要保障。在电力电缆线路建设过程中,土建工程的质量直接关系到线路的稳定性和可靠性。通过土建验收可以检查土建结构的设计与施工是否符合相关标准和规范,确保线路在各种自然环境条件下能够正常运行,从而保障电力系统的安全供电。

其次,土建验收有助于提高电缆线路的使用寿命和维护效率。合格的土建验收可以确保线路的结构稳固、耐久性强,减少因土建质量问题导致的线路老化和损坏,延长线路的使用寿命。同时,合理设计的土建结构也有利于线路的维护和检修,降低运维成本,提高线路的可维护性和可操作性。

此外,电力电缆线路土建验收还对于保障电力系统运行的稳定性和安全性至关重要。合格的土建结构能够有效减少因外部环境变化导致的线路故障和损坏,保障电力系统的持续供电。通过土建验收可以发现潜在的安全隐患,及时进行整改和加固,确保线路在各种极端气候和自然灾害条件下仍能正常运行。

电力电缆线路土建验收对于保障电力系统安全、可靠、高效运行具有重要意义。只有通过严格的验收程序和标准,确保土建工程质量达标,才能保障电力系统的正常运行,降低事故风险,实现电力供应的可靠性和持续性。因此,各相关单位和人员应高度重视电力电缆线路土建验收工作,不断提升验收水平,为建设安全可靠的电力系统作出积极贡献。

4.1　管　理　理　念

在电缆施工过程中，土建部分的管理理念应紧密围绕"抓安全、抓质量、抓创新"，致力于打造"零缺陷"的优质工程。通过加强安全管理、质量控制和技术创新，不断提升电缆施工的土建部分管理水平。

（1）抓安全，确保无事故。在电缆施工的土建环节中，安全管理是首要任务。应该坚持"安全第一，预防为主"的原则，通过制定严格的安全管理制度和操作规程，确保施工现场的安全可控。同时，加强安全教育和培训，提高作业人员的安全意识和操作技能，确保每个参与施工的人员都能自觉遵守安全规定，共同营造安全、稳定的施工环境。

（2）抓质量，追求零缺陷。质量是工程的生命线，各单位应始终坚持"质量至上，精益求精"的管理理念。在电缆施工的土建部分，严格按照设计图纸和施工规范进行施工，确保每个施工环节都符合质量要求。同时，加强质量检查和监督，对施工过程中出现的问题及时进行处理和整改，确保工程质量的可靠性和稳定性。除此之外，还应还积极引进先进的施工技术和设备，提高施工效率和质量水平，为打造"零缺陷"的优质工程提供有力保障。

（3）抓创新，推动持续发展。创新是引领发展的第一动力，在电缆施工的土建部分注重引进和推广新技术、新工艺和新材料，不断提升施工技术和管理水平。同时，鼓励施工人员进行技术创新和发明创造，为工程建设提供源源不断的创新动力。通过创新，不断优化施工流程，提高施工效率和质量，降低施工成本，为工程的可持续发展注入新的活力。

4.2　管　理　目　标

土建部分工程建设质量管理是一个全方位、整体性的体系，其核心目的在于确保工程项目符合预定的质量标准，对基础施工、结构搭建等全流程进行精细化控制，以保障工程的稳步进行。通过实施有效的质量管理，旨在降低潜在的安全风险，提高工程的整体质量，进而实现土建工程建设的规范化管理目标。这一体系不仅关注施工过程中的质量控制，还强调对原材料的严格筛选、施工人员的技能培训和施工现场的安全管理，以确保土建工程的顺利进行和高质量完成。

4.3 管理实践

在电力工程建设中，电力电缆土建验收是确保电缆系统质量和安全的关键环节。有效的管理实践对于提升电缆系统的可靠性和稳定性至关重要。

（1）建立严格的验收标准和规范。在电力电缆土建验收中，首要任务是建立严格的验收标准和规范。这些标准和规范应当包括土建工程的设计要求、施工工艺、质量要求等内容，确保施工过程符合相关标准和规范。只有建立了明确的验收标准，才能对土建工程进行科学评估和验收。

（2）加强施工前的准备工作。在进行电力电缆土建验收之前，必须加强施工前的准备工作。包括对施工图纸的仔细审查、材料设备的准备、施工人员的培训等。管理者要确保施工前的准备工作充分，做到有序、规范，为后续的验收工作奠定坚实基础。

（3）实施现场监督和检查。在电缆土建验收过程中，必须加强现场监督和检查，及时发现和解决存在的问题。管理者和验收人员要加强对施工现场的监督，确保施工过程符合设计要求，质量合格。定期进行现场检查，及时处理施工中出现的质量问题，确保电缆系统的安全和可靠。

（4）定期评估和改进。电缆土建验收工作并不是一次性的任务，而是一个持续改进的过程。管理者应该定期对验收工作进行评估和总结，发现存在的问题和不足之处，并及时采取措施加以改进。只有不断完善和提升验收工作的质量，才能确保电缆系统的可靠性和安全性。

总之，电力电缆土建验收的管理实践需要建立严格的验收标准和规范、加强施工前的准备工作、实施现场监督和检查、强化团队协作和沟通、定期评估和改进。通过科学有效的管理实践，可以提高电缆系统的质量和安全水平，确保电力系统的正常运行和可靠供电。

1. 做好工程地质和水文地质管理

在土建工程中，工程和水文地质管理至关重要。工程管理应确保施工过程中的质量、安全、进度和成本得到有效控制。这要求施工单位全面贯彻施工管理的各项制度，包括科学组织施工、严格质量管理、合理控制进度、确保安全生产以及精细成本管理等，确保工程按照设计要求、规划进度和成本控制进行。同时，工程管理还要注重提高施工效率，优化资源配置，降低能源消耗，减少环境污染。通过引入先进的管理理念和技术手段，推动工程管理向科学化、规范化和信息化方向发展，以提升整个行业的竞争力。

在水文地质管理方面，必须给予足够的重视。水文地质勘探工作是土建工程的基础，能够为项目设计提供准确的地质和水文数据支持。必须遵循勘探单位的规划和程序，采用现代化技术手段实施勘探工作，确保勘探数据的准确性和可靠性。同时，要加强勘探过程中的质量控制和安全管理。勘探项目负责人应对勘探工作全面负责，确保勘探工作的顺利进行。工作人员应严格遵守保密要求，保证水文地质勘探工作的机密性和安全性。

只有充分认识地质和水文质量管理的重要性，加强管理和监督，才能确保项目的顺利进行和高质量完成。同时，也要不断探索新的管理理念和技术手段，推动土建工程管理的创新和发展。

2. 加强施工过程重点管控

电缆敷设中的土建施工，是保障电缆安全运行与提升工程质量的基石。土建施工为电缆提供了稳定的物理空间和支持，有效防止外界环境对电缆的损害，同时确保电缆与周围环境的协调美观。优质的土建施工不仅能提升电缆敷设的经济效益，更是确保社会效益的关键。因此，电缆敷设工程应高度重视土建施工环节，确保其质量和安全。

在土建工程中，重点管控应贯穿于整个施工过程，确保项目的顺利进行和高质量完成。施工测量管理作为确保施工精度的关键，必须保证测量数据的准确性，及时进行验线校核和引桩保护，防止误差积累。土方工程质量管理同样重要，应经常复查平面位置、标高、边坡坡度等关键参数，确保土方开挖的精准性和安全性。

基础工程和结构工程作为土建项目的核心，其施工监理尤为关键。监理单位应对施工过程进行全面监督，确保施工单位按照设计方案和规范施工，及时纠正可能存在的问题，以保障项目质量和安全。在材料使用、施工工艺和质量检测等方面，也应加强管控，确保结构工程的稳定性和耐久性。

工程重点管控要点在于确保施工测量的准确性、土方工程的质量、基础工程和结构工程的施工监理，以及全面监督和管理施工过程。通过强化这些重点管控要点，可以显著提升土建工程的质量和安全性，为项目的顺利完成奠定坚实基础。

3. 明确监理范围和人员架构

在土建工程中，监理工作的实施是确保项目顺利进行、保障质量与安全的关键环节。需要构建和完善监理组织结构、配置人员及投入监理设施。

监理组织结构的构建应基于工程特点、规模及合同要求，确保覆盖从决策到执行、从监督到协调的全方位职能。通过明确各层级和部门的职责和权限，形成高效、协调的监理组织架构，为项目提供全方位的监理服务。

在人员配置方面，应注重专业性和高效性。选拔具备丰富经验和专业知识的总监理工程师、总监代表以及各领域专业工程师，如土建工程师、安全工程师、测量工程师和造价工程师等。同时，建立一支训练有素、勤奋踏实的监理工程师及监理员队伍，确保现场监理工作的有效执行。

监理设施的投入是确保监理工作顺利进行的重要支撑。应投入先进的办公设施、检测设备以及交通工具，为监理人员提供必要的工作条件和便利。这些设施将帮助监理人员及时获取准确信息，迅速响应现场需求，提高监理工作的效率和质量。监理组织还应建立有效的沟通机制和协作体系，确保监理人员之间的信息共享和协调配合。定期组织监理人员进行培训和考核，提高他们的专业素养和工作能力，以适应不断变化的工程项目需求。监理人员组织架构见图 4-1。

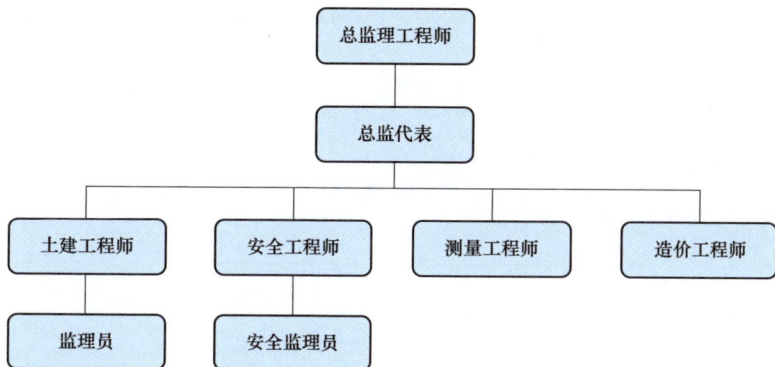

图 4-1　监理人员组织架构

综上所述，通过配备土建、安全、测量、造价工程师等专业人员，监理组织能够全面覆盖工程项目的各个方面，确保项目的顺利进行和质量安全。

除此之外，还应该结合工程实际情况，制定项目监理规划和各工点监理实施细则，建立工作制度，实行规范化管理。围绕"三控、三管、一协调"监理工作内容，实行总监负责制，定人定岗，明确各专业监理人员的目标责任，通过旁站监督、巡查、检查、审查、测量复核、见证取样试验、指令、监理工程师通知、监理例会、紧急会议等方式，对施工现场、施工过程实行全方位控制，主要包含以下几方面的工作：

（1）工程质量控制。质量是整个工程的生命线，工程质量情况将随着工程实体永久地保存下来。质量控制的实施主要有三个阶段，即事前控制、事中控制、事后控制。监理部应从项目开工至竣工，严把质量关，主要工作情况汇总表格见表 4-1 和表 4-2。

表 4-1　　　　　监理过程中相关监理工作统计数据

监理工作内容	统计数据	
	合计	
发出监理工程师通知单		

续表

监理工作内容	统计数据
	合计
发出监理工作联系单	
质量控制（WHS）设置表	
填写旁站记录表	
组织召开工程例会、各种专题、协调会议	
编制监理月报	

注 执行《基建工程质量控制（WHS）及量化评价标准（2017 年版）》。

表 4-2　　　　　　　　　　WHS 数 据 统 计

序号	质量控制方式	数量
1	W	
2	H	
3	S	

（2）严守三个控制。三个控制指的是"事前控制、事中控制、事后控制"。在土建工程监理的过程中，严守这三个关键环节，是确保项目质量和安全的核心所在。事前控制奠定坚实的质量基础，事中控制确保施工过程中的每一个环节都符合规范，事后控制则是对项目成果的最终把关。通过这三个控制环节的紧密结合，能够全方位、多角度地监控项目的进展，确保土建工程顺利完工并达到预期的质量标准。在土建工程监理过程中，为确保项目质量和安全，实施了一系列具体措施。

在项目启动之前，注重事前控制，一是严格审核施工单位资质以及相关人员资格，确保施工队伍具备相应能力与水平。二是认真细致地开展施工图纸会审工作，及时察觉并解决图纸中存在的问题。三是严格审批施工组织设计与专项方案，保障施工规划的科学性、合理性及可行性。四是对进场的各类原材料，如水泥、钢材等，以及构配件进行严格检验，确保其质量符合要求。

五是仔细复核测量放线成果，以保证工程位置准确无误。六是检查落实施工场地的条件，为施工创造良好环境。最后，提前制定完善的监理规划和细则，明确监理工作流程、方法及标准等。

进入施工阶段后，事中控制成为工作重点。首先，监督施工组织设计与方案的执行，确保施工按照既定的计划和要求进行。同时，加强内部管理与工序控制，确保施工过程中的每一个步骤都符合规范。审查作业技术交底，确保施工人员了解并遵循施工要求。控制施工机械设备性能，确保设备在施工中正常运行。在施工工艺管理和质量稳定性提升方面，不断优化施工流程，加强质量监控，确保每一个环节都符合质量标准。对隐蔽工程进行严格的验收，确保隐蔽部分的质量符合设计要求。严格把控原材料质量，审查其来源和质量证明文件，确保原材料的质量可靠。加强现场施工质量监督，通过巡视、旁站等方式对施工过程进行实时监控，确保施工质量符合要求。

在项目收尾阶段，进行事后控制，对项目成果进行全面评估。进行质量检查、整改复查和检验批与分项工程验收，确保项目最终成果的质量符合规范。这一环节不仅是对前期工作的总结，更是对整个项目质量的最终把关。通过事后控制，能够及时发现并处理项目中存在的质量问题，确保项目的质量和安全。

在土建工程监理过程中，通过事前、事中、事后三个阶段的全面控制，为项目的顺利进行和最终成果的质量提供有力保障。

（3）重要施工部位严格管控。在地基基础施工中，严格控制每道工序的质量，确保按图施工，原材料合格，并防止基底积水。对于主体结构及附属结构，强调技术交底、材料检查、模板与脚手架的稳定性检查，以及钢筋与混凝土施工的严格把控。在盾构掘进与拼装工程中，重视工程测量、注浆质量控制和管片拼装的标准化作业。顶管隧道工程则需注重注浆置换减阻、管节质量控制和防水工程规范。地下工程防水管理强调基面处理、卷材防水施工和堵漏控制。对于围护结构，需严格监控地下连续墙、钢筋工程和混凝土浇筑过程，确保每一环节均符合设计与质量要求。通过这些措施，全面确保土建工程各重要施工部位的质量与安全。

4. 一体化策略确保项目按期完成

在土建工程监理过程中，工程进度控制是保障项目顺利推进的核心环节。采取一体化的策略，确保施工计划与实际情况紧密衔接，同时加强监理部的现场管理与检查，以保证施工质量和安全。

施工单位需上报详细的施工计划，并根据实际进度进行动态调整。每日上报施工完成情况，对未完成部分进行原因分析，并采取相应措施追赶进度。同时，监理部会根据现场情况发出工作联系单，要求施工单位按时完成关键节点工期，确保整体工程进度的推进。

监理部将加强现场管理与检查，实施事前、事中、事后的全面控制。合理配备监理人员，确保现场 24 小时有监理人员在场，及时发现并解决施工过程中的问题。监理人员会提前到现场进行质量安全检查，要求施工单位及时整改，确保施工质量与安全。

在整个工程进度控制过程中，施工单位与监理部将保持密切沟通与合作。施工单位应积极配合监理部的工作，确保施工计划的顺利执行，并对施工质量与安全负责。同时，监理部将向施工单位提供必要的支持和指导，共同推动工程顺利完成。

通过这一体化策略的实施，有效控制工程进度，确保项目按期完成，同时保障施工质量和安全。

5. 强化安全管理

在监理过程中监理部严格按《建筑施工安全技术统一规范》（GB 50870—2013）对工程进行监督控制，重视预防、强调监督。安全生产文明施工监控的主要工作应包含表 4-3 中内容。

表 4-3　　　　　　有关工程安全监理工作情况统计

序号	工作内容	单位	数量	备注
1	组织安全专题会和专项检查	次		
2	审批安全专项方案	次		

序号	工作内容	单位	数量	备注
3	审核承包商人员资质	次		
4	组织定期安全检查	次		
5	安全教育及安全技术交底旁站	次		
6	发出安全方面的通知和工联单	次		
7	审核进场设备	次		
8	审核安全措施费使用情况及审批安全措施费使用计划	次		
9	劳务分包单位资质审核	次		

6. 合同、信息管理与工程协调的整合实施

在工程项目管理中,合同、信息管理与工程协调是相互依存、相互促进的关键环节。为了确保项目的顺利进行,需要采取一系列整合措施,从合同履行、信息管理到工程协调,确保各个环节的顺畅运作。

在合同管理方面,应明确项目目标,包括质量、进度、成本等,并通过全面履行监理职责,确保合同承诺得到严格执行。同时,注重防范合同纠纷,加强合同内容的审查、建立变更和签证制度以及加强沟通协调,确保各方对合同内容有清晰的认识和一致的理解。

在信息管理方面,应遵循严格的信息管理制度,确保监理内部信息、承包单位文件以及主动收集的信息得到准确、及时、完整的处理。加强电子文档管理、监理资料分类存放和监理台账管理制度的建立,确保信息的可追溯性和可利用性。同时,主动收集工程信息,通过目测、量测、试验等手段,准确记录工程现场状况,为合同管理提供有力支持。

在工程协调方面,应致力于创造和谐的工作氛围,加强内部人际关系、组织关系、内部需求关系的协调,形成一个团结高效的团队。同时,积极与业主、承包商、设计单位以及政府部门等其他单位进行沟通协调,确保各方之间的信息畅通,为工程施工创造和谐的外部环境。

通过整合实施合同管理、信息管理与工程协调的措施，工程项目的顺利进行将得到有效保障，提高项目管理的效率和质量，为项目的成功完成奠定坚实基础。

<h1 align="center">4.4　管　理　成　效</h1>

4.4.1　工程概况

在 500kV 楚庭—广南输变电工程（穗西）电缆隧道项目中，面对复杂的地质与水文条件，管理团队展现出卓越的统筹协调能力。通过提前对不同工法区段的地质勘察与分析，制定出针对性强的施工规划与风险防控措施，有效规避了地下水腐蚀性、复杂地层等不利因素对工程的影响，为项目的顺利推进和高质量完成奠定坚实基础。

500kV 楚庭—广南输变电工程（穗西）电缆隧道部分共包含东段、西段两个部分，主要沿市道路建设，包含主线电力隧道及南站内段电力隧道。工程数量包括区间盾构隧道、明挖段、区间顶管等不同隧道工法区段及、工作井电缆支架等附属结构。

工程地质及水文地质情况如下：

（1）东段单位工程地质及水文地质情况。场区地层自上而下为素填土、杂填土、冲击粉质黏土、粉细沙、中粗砂、粉质黏土、砂质黏土、全风化花岗岩、强风化花岗岩、中风化花岗岩。盾构区间隧道范围地层主要砂质黏土。

1）地表水。区间外侧零散分布鱼塘，本标段沿线内无江河水库经过或分布，地表水主要为大气降水。地表水通过渗透地层对地下水进行补给。

2）地下水。根据勘察期间钻孔内地下水观测，场地内的地下水初见水位埋深为 0.90～4.0m 之间，地下水静止水位埋深为 1.10～4.50m 之间，稳定静止水位标高 19.11～24.44m 之间，地下水位变化幅度 5.30m 左右，场地内主要含水层为粉质黏土和残积质黏性土，属弱透水层，富水量贫乏，其次的含水层为粉细砂层和中粗砂层，属中～强透水层，富水量中等～丰富。补给主要来源于大气降水补给。

3）地下水腐蚀性。按照《岩土工程勘察规范［2009 年版］》（GB 50021—2001），对本次勘察所取地下水样进行腐蚀性综合评价：沿线地下水按 Ⅰ 类和 Ⅱ 类环境类型、按 B 类地层渗透性水进行腐蚀性评价，本场地地下水对混凝土结构均具微腐蚀性；按长期浸水和干湿交替环境进行腐蚀性评价，本场地地下水对钢筋混凝土结构中的钢筋均具微腐蚀性。

（2）西段单位工程地质及水文地质情况。本标段范围内自上而下分布有素土层、杂土层、淤泥层、粉质泥岩、全风化泥质砂岩、强风化泥质砂岩。顶管段隧道地质为素土层、杂土层、淤泥层、粉质泥岩、全风化泥质砂岩、强风化泥质砂岩、中风化泥质粉砂岩。

1）地表水。本工程沿线线路几处横穿金沙湾涌及鱼塘，场区内地表水较为丰富，该河涌广义上讲属于珠江支流，其水源主要为河道沿线的大气降水和生活污水汇入，向珠江排泄。

2）地下水。根据勘察期间钻孔内地下水观测，场地内的地下水初见水位埋深为 0.2～1.7m 之间，地下水静止水位埋深为 3.52～6.6m 之间，实测初见水位略高于稳定水位，地下水位季节变化幅度约±1.5m。

3）地下水腐蚀性。按照《岩土工程勘察规范［2009 年版］》（GB 50021—2001），本工程区域内的场地环境类型为 Ⅱ 类，沿线场地内的地下水对混凝土结构具有微腐蚀性，对钢筋混凝土结构中的钢筋在长期浸水条件下具有微腐蚀性，在干湿条件下具有弱腐蚀性，沿线场地内的地表水对混凝土结构及钢筋混凝土结构中的钢筋具有微腐蚀性。

4.4.2　工程的重难点和应对措施

项目建设中，类似于东段与西段工程面临着诸多复杂且极具挑战性的重难点问题。从盾构机在急转弯曲线掘进时对线性与管片姿态的严格把控，到下穿排水箱涵、燃气管道等各类复杂地下设施，再到盾构过高架桥、变电站等关键节点以及盾构开仓、刀盘防泥饼等特殊作业场景，东段工程在技术与安全层面承受着巨大考验。西段工程在穿越道路、高速桥桩时对沉降控制的高要求，顶管始发和到达的风险防控，以及穿越厚淤泥地层和中风化、硬岩段的施工难题，同样不容小觑。然而，通过一系列科学严谨、针对性强的应对措施，从施工前的精准勘探、设备检查、方案制定，到施工过程中的参数控制、实时监测、信息化施工，再到针对特殊情况的专项处理，整个项目在管理层面成功实现了对各类风险的有效管控，保障了施工的顺利推进，为工程的高质量交付奠定了坚实基础，充分彰显了项目管理在复杂工程建设中的关键作用与显著成效。

1. 工程的重难点

（1）东段。

第一个重难点：盾构机在急转弯曲线掘进。

第二个重难点：盾构下穿排水箱涵、燃气管道。

第三个重难点：盾构过高架桥。

第四个重难点：盾构过广南变电站。

第五个重难点：盾构开仓风险。

第六个重难点：刀盘结防泥饼。

（2）西段。

第一个重难点：穿越道路、高速桥桩。

第二个重难点：顶管始发和到达。

第三个重难点：顶管穿越厚淤泥地层。

第四个重难点：顶管穿越中风化和硬岩段。

2. 应对措施

（1）东段。

1）盾构机在急转弯曲线掘进。本标段线路平面上存在多个小半径急转弯地段。在掘进施工过程中要注意盾构机掘进线性的控制和管片姿态控制，在曲线段掘进中主要采取以下措施：

a. 开启铰接装置。开启盾构铰接装置，并依据设计曲线半径及盾构直径计算铰接角度，使得盾构机前体与后体的张角与曲线吻合。

b. 盾构姿态预偏。盾构掘进过程中，管片在承受侧向压力后将向弧线外侧偏移。为了使隧道轴线最终偏差控制在允许范围内，盾构掘进时考虑给隧道预留一定的偏移量。将盾构沿曲线的割线方向掘进，管片拼装时轴线位于弧线的内侧，以使管片出盾尾后受侧向分力向弧线外侧偏移时留有预偏量，同时也便于在急曲线内进行纠偏。

c. 掘进推力和速度控制。管片出盾尾后，受到侧向分力的影响，隧道向圆弧外侧偏移，侧向分力的大小与千斤顶总推力成正比，即降低千斤顶总推力，同时也意味着降低侧向分力，有利于减少隧道向弧线外侧的偏移量。

d. 收缩千斤顶释放应力。盾构机掘进时采用分段推进，每掘进一定距离后盾构推进千斤顶缩伸动作一次以释放应力，在每环掘进开始时靴板一定要顶平，调好。

e. 推力控制。盾构机在掘进过程中，应尽量保持盾构机匀速前进，尤其值得注意的是，在盾构掘进启动时，掘进速度要以较小的加速度递增，这样可以避免千斤顶起始推力过大的问题。

f. 注浆控制。在急转弯掘进，足够的、快凝的双液补充注浆也是必不可少的，它能尽早地固定管片，改善管片的受力状态，防止管片错台破损，因此，盾构机配置了两套背填注浆系统，一套用于常规的背填注浆，另一套用于以侧面为重点的管片补充背填注浆。

2）盾构下穿排水箱涵、燃气管道。盾构在某一里程位置需下穿大型混凝土排水箱涵，该地层层级较为复杂。同时，在出工作井后的特定里程下穿高压燃气管道，管道运行压力较高且与隧道交叉角度特定，穿越长度和与隧顶埋深距离也有明确数值。此外，出某工作井后在特定小转弯处特定里程位置需下穿另一煤气管，与隧顶埋深也有一定距离。

在掘进施工过程中主要采取以下措施：

a. 首先应当提前做好地下勘探工作，防止开挖和盾构推进过程中意外情况发生。穿越前，采用人工挖孔桩对燃气管线进行探挖，确定燃气管线和盾构隧道的埋深关系，确保安全。

b. 掘进前，认真对刀盘、注浆系统、密封系统、推进千斤顶及监控系统等设备检查，确保穿越过程中设备无故障，进行连续施工。

c. 采用土压平衡模式进行掘进，选择正确的掘进参数，加强地表沉降、地下水位及周围建构筑物倾斜观测，并及时反馈施工。加强过程控制管理，实施信息化施工，防止开挖面失稳引起过大的地表沉降。

d. 推进速度和姿态控制。盾构机的推进速度和姿态控制直接影响到土体沉降，因此应适当放慢盾构的掘进速度，掘进速度控制在一定范围内，以尽量减少对土体的扰动。因此在盾构通过，应全面检修设备，确保通过时不出现机械故障。

e. 提高同步注浆质量与管理。每环推进前，对同步注浆的浆液进行小样试验，严格控制初凝时间。在同步注浆过程中，合理掌握注浆压力，使注浆量、注浆流量和推进速度等施工参数形成最佳匹配。

f. 通过调整掘进参数。包括盾构推进速度和土仓压力，千斤顶推力及盾构坡度，注浆压力与时间等，均衡推进，保持盾构机姿态控制，使开挖面处的土体受到的干扰最小。盾构在采用气压辅助掘进施工，掘进压力大于计算压力。盾构推进过程中严格执行"勤纠偏，小纠偏"的原则，严禁大幅度纠偏，尽量减少施工原因造成的盾构推进方向的改变。

g. 地表变形的大小主要取决于壁后注浆的效果。必须严格按"确保注浆压力，兼顾注浆量"的双重保障原则，紧密结合施工监控量测的反馈信息，不断优化注浆压力的设定，保证注浆量一定要超过理论计算值，在实际平均注浆量的合理范围内波动。

h. 通过螺旋机出土量监测，严格控制超挖量，根据监测结果信息化是施工，加强二次注浆，填补超挖空间。

i. 根据地层沉降变形情况，加强监测，调整监测频率，调整盾构机施工参数，及时进行洞内同步注浆、补充注浆，以减少地层损失。

j. 加强监控量测：监控量测是加固保护的重要组成部分；施工前应制定详细的监测计划，根据监测结果指导施工、优化设计，做到真正的"动态设计、动态施工"。

3）盾构过高架桥。该区间与高架桥基本呈∠105°相交关系，穿越长度约为44m，平面最小间距为2.5m。

根据设计图纸及地质资料显示，该区间隧道在指定段穿越的地层为全断面砂质黏土，覆土厚度约为14m。为确保工程顺利进行，盾构机需以135m的小转弯半径通过此段，但由于控制难度大，存在引发地表沉降与桩基下沉的风险。

在掘进施工过程中，为确保安全与工程质量，主要采取了以下措施：

a. 施工前，对桥梁基础进行了旋喷桩隔离帷幕的施工。具体采用了双管旋喷桩，加固深度至隧道盾构外轮廓线底部以下1m。对于双管旋喷桩的施工要求，高压水流的压力需大于20MPa，注浆材料选用42.5级及以上的普通硅酸盐水泥，并可根据实际需求适量加入外加剂、掺合剂，其用量需通过实验进行精确确定。

b. 在盾构下穿过程中，严格控制盾构掘进参数及注浆参数，确保及时盾尾注浆，并适时进行二次注浆。同时，适当加大注浆量，以减少超挖及对地层的扰动，从而有效控制地层变形。

c. 盾构施工过程中，进行系统全面的跟踪监测，实行信息化施工。一旦发现异常情况，立即采取紧急措施，确保施工安全。

d. 盾构通过后，再次进行二次补浆作业，以确保工程质量和安全。

e. 在盾构施工的整个过程中，加强跟踪注浆作业与监测工作。如遇异常情况，立即启动相关应急预案，确保工程顺利进行。

4）盾构过站点。在某一区域，下穿变电站的隧道施工中，隧道顶部与站内建筑物基础之间的最小间距被设定为5.5m。在这一特殊且敏感的区段，盾构机需要以一个小于常规值、具体为125m的转弯半径进行掘进。这一操作极大地增加了施工难度，并可能引发地表沉降和建筑物基础下沉的风险。

为确保施工安全，降低风险，在掘进施工过程中采取了以下一系列措施：

a. 在隧道掘进至变电站前，严格按照设计施工图，对位于该变电站内的建筑物进行加固处理。具体方法是采用直径 600mm、间距 450mm 的双管旋喷桩帷幕进行隔离加固，加固深度需达到隧道底部以下 1m。同时，要求双管旋喷桩的压力必须高于 20MPa，注浆材料选用 42.5 级以上的普通硅酸盐水泥，水泥浆液的水灰比控制在 1.0～1.5 之间。此外，还在建筑物周边预埋了袖阀管，袖阀管的深度达到构筑物基础以下 1m，注浆间距为 1m×1m。当隧道掘进至该里程段时，加强监测工作，一旦监测到沉降值超过控制值的 80%，则立即进行注浆作业，注浆压力控制在 0.2～0.5MPa 之间，浆液的配合比为 1:1。

b. 在盾构机穿越下方时，密切关注并严格控制盾构掘进参数和注浆参数，及时进行盾尾注浆，并适时进行二次注浆。同时，适当增加注浆量，以减少超挖和对地层的扰动，从而有效控制地层变形。

c. 在整个盾构施工过程中，实施系统全面的跟踪监测，采用信息化施工方法，确保施工过程的透明化和可控性。在必要时，应采取紧急措施以应对可能出现的突发情况。

d. 盾构机通过后，再次进行二次补浆作业，以确保施工质量和安全。

e. 在盾构施工期间，加强了跟踪注浆和监测工作，并配备了专业的技术人员进行实时监控。一旦发现异常情况，立即启动相关应急预案，确保施工安全。

5）盾构开仓风险。工程盾构隧道断面穿越的地层主要为强风化层、中风化和微风化岩层，盾构在黏性土层中掘进容易因刀盘结泥饼而造成滚刀的偏磨，盾构掘进过程中遇到刀具异常时需随时、随地检查和更换刀具。且盾构区间地面建筑物和管线密集，在这些区域进行开仓作业，存在很大的风险。

主要采取以下措施：

a. 做好掘进控制，减少刀具磨损。通过控制好掘进，减少刀具的异常损坏，在掘进时，控制好推力、掘进速度、刀盘转速、刀盘扭矩等重要参数，避免刀具在超负荷或异常的情况下作业，延长刀具使用寿命，避免刀具损坏，减少刀具更换的频率。

b. 提前策划换刀地点，采取加固措施。结合以往施工经验，预测刀具磨损情况，提前预定开仓换刀位置，并做好补充勘察，确定该处地质条件，确保盾构掘进到该处时进行开仓检查更换刀具的安全。

c. 提前做好刀具更换工作。在盾构进入不宜开仓的区域前，先在具备开仓条件的位置提前进行刀具检查更换，避免风险。

d. 气压开仓措施。当需要采用气压开仓时，主要采取以下措施：

（a）在人员准备上，选用一批有经验的工程师和作业工人进行体检，在检查合格后才能进行气压开仓作业，并且确保人员储备充足，满足多班次作业。

（b）气压开仓前进行高质泥膜制造，采用优质泥浆制造泥膜，防止地层漏气，当单次开仓时间超过 10h 时，重新制造泥膜，避免泥膜脱水导致漏气。

（c）一旦开挖面出现渗水、地层脱落，工作人员第一时间撤出土舱，关闭舱门。

（d）气压开仓是高风险作业，在开舱期间，聘请专业医务人员进驻工地现场，一旦出现人员伤害事故，及时进行治疗，避免事故进一步恶化。

6）刀盘结防泥饼。某地区盾构区间隧道工程的地质资料详细揭示了该区域的地质特性。在盾构掘进范围内，地层中多处分布着砂质黏性土，这种土壤特性表现为遇水易软化崩解，从而具备了泥饼形成的条件。

当盾构机在黏性土层中进行掘进作业时，刀盘中心区域及土仓隔板前的刀盘支撑部位可能会成为泥饼形成的重点区域。一旦泥饼形成，刀盘主轴的旋转部分将被土壤紧紧黏结，导致土仓及刀盘的正反面土壤板结，掘进推力显著增大。此时，若刀盘扭矩调节不当，过大或过小，都将导致掘进困难，掘进速度急剧下降，同时刀盘扭矩也会进一步上升，引发刀盘油温过高，严重时将使盾构机无法继续掘进，大大降低了开挖效率。

针对工程特定的地质情况，制定以下两方面的策略来预防刀盘结泥饼的问题：

a. 充分利用盾构机自身的性能优势来预防泥饼的形成。具体措施包括：

（a）刀盘设计和刀具配置上充分考虑了预防泥饼的重要性。通过适量加大刀盘开口率，有效减少了刀盘与开挖面及渣土的接触面积，降低了泥饼形成的可能性。

（b）盾构机在设计时便具备了高压水清洗功能，该功能能够添加黏土分散剂以增强清洗效果。同时，盾构机还具备通过人闸系统进入土仓进行人工清理泥饼的功能，确保了在泥饼形成后能够迅速进行处理。

b. 通过精细的掘进控制策略来防止泥饼的产生。具体措施包括：

（a）在渣土改良方面，刀盘面板上共设计了 3 个泡沫口和 1 个膨润土口，共设有 4 个渣土改良喷口。这些喷口均采用单管单泵设计，并且膨润土管路和泡沫管路可以相互切换。刀盘中心布置了两路喷口，刀盘边缘则布置了 2 路喷口。这样的设计确保了在不同地层（如砂质黏性土、粉质黏土、淤泥质土等）内渣土的改良效果。同时，添加剂注入口在设计时也充分考虑了防堵和清洗管路的需求，刀盘喷口采用背装式结构，便于快速更换和清理。

（b）刀盘背部设计了 2 根主动搅拌棒，前盾隔板上设计了 2 根被动搅拌棒。这些搅拌棒能够对土仓内的渣土进行充分的搅拌，提高渣土的流动性，防止渣土堆积形成泥饼。

（c）在掘进过程中，根据地质情况采用了合适的掘进模式、掘进速度和刀盘转速。当地层条件允许的情况下，掘进速度控制在一定范围内，刀盘转速增加至 1.1～1.5 转。同时，采用了气压辅助模式来辅助渣土掉入土仓并顺利携带出土仓。这些措施确保了掘进作业的顺利进行。

c. 在掘进过程中随时检查刀具状态的重要性。一旦发现刀具出现异常或磨损情况，需要立即进行检查和更换，以确保掘进作业的连续性和安全性。

（2）西段。

1）在某特定区域，穿越道路及高速桥桩，该施工段需穿越高速高架桥，其长度约为 60m。在平面上，最小间距保持为 5.8m。根据设计图纸及地质勘探资料的详细分析，该区间隧道在此段穿越的地层主要由全断面砂质黏土构成，覆盖土层厚度大约为 6.4m。由于顶管机需要从桥底下通过，施工控制难度较大，存在地表沉降和桩基下沉的潜在风险。

在顶管施工过程中，为确保工程顺利进行并降低风险，主要采取了以下措施：

a. 在某高速范围内，严格按照设计图纸要求，采用高压旋喷桩进行地层加固处理，并加强沉降观测工作，以确保隧道能够安全穿越东新高速。

b. 当顶管机头距离道路和桥桩达到预设的安全距离时，对顶管的各个顶进系统和机械设备进行全面细致的检查，确保它们处于良好的工作状态，为后续的穿越施工提供有力保障。

c. 同样在顶管机头距离道路和桥桩达到上述安全距离时，反复进行管道偏差的测量工作，确保管道偏差控制在允许的范围内，以保证顶管施工的精度和安全性。

d. 在顶进穿越过程中，持续加强对道路和桥桩的监测工作，实现信息化施工。通过实时监测数据的反馈和分析，及时调整施工方案和措施，确保施工过程中的安全性和稳定性。

2）顶管始发和到达。楚庭西段顶管隧道总共有 4 次始发，4 次到达，针对始发和到达风险控制采取以下措施：

a. 按照设计图纸对洞门进行加固，施工完成后对加固桩进行钻心取样检验。

b. 凿洞门前进行水平探孔，探孔深度超过围护桩 3m 以上。

c. 组织各参建单位进行始发、达到进行节点验收。

d. 安装洞门止水橡胶帘幕。

e. 编制专项方案，组织专家评审。

3）顶管穿越厚淤泥地层。某一处顶管隧道处在较厚的淤泥层中，顶管始发后机头下沉，地面塌陷，顶管施工过程中主要采取如下措施：

a. 严格控制顶进参数，严禁超挖。

b. 对地面进行监测，根据监测数据调整顶进参数，实现信息化施工。

c. 每节管进行一次测量，保证顶进过程中轴线无偏差，减少纠偏。

d. 编制专项施工方案，组织专家评审。

e. 按照专家意见对隧道与便道相交处进行高压旋喷桩地基加固。

4）顶管穿越中风化和硬岩段。有一处存在全断面中风化砂砾岩，一处存在全断面中风化泥质粉砂岩，顶管施工过程中主要采取如下措施：

a. 始发前对顶管机头进行保养，更换损坏刀具，增加贝壳刀。

b. 对于已经探明的中风化段采用多功能钻机从地面将中风化岩钻成蜂窝状，降低中风化岩的整体强度，保证顶管机能够顺利通过。

c. 对硬岩段进行补勘，根据地层条件编制专项方案，组织专家评审。

d. 硬岩段采用旋挖机在地面挖除后回填 M5 砂浆。

e. 硬岩处理时段对机头进行停机保压，对已顶隧道段进行补注触变泥浆。

4.4.3　监理范围

在 500kV 楚庭—广南输变电工程（穗西）电缆隧道建设中，监理范围的明确对管理成效意义重大。从施工准备的"三通一平"，到土建、结构、工井及风、水、电、消防工程施工，再到竣工结算与缺陷责任期，全过程监理确保各环节有序推进。监理公司配合业主前期咨询与协调，使项目管理高效协同，有力保障工程质量与进度，为电力隧道顺利建成筑牢根基。

4.4.4　监理组织机构和投入的监理设施

监理组织机构与设施投入意义重大。明确的监理范围，监理团队各司其职，从施工到竣工结算全程把控。总监理工程师统筹，各专业工程师负责对应环节，精准解决重难点。齐全的监理设施为工作开展提供硬件支持，确保监理工作高效、专业，有力保障电力隧道工程顺利推进。

1. 监理组织机构

为了对工程项目实施有效监理，按照监理规划要求建立项目的监理组织机构，并依据工程需要配备了监理人员，完善了职责分工。在工程施工中，根据施工中监理工作的重点和难点，先后投入了 10 名监理人员进行全过程监理，监理人员配备表见表 4-4。

表 4-4　　　　　　　　　监 理 人 员 配 备 表

序号	姓名	性别	年龄	技术职称	拟担任的监理职务
1	张三	男	39	高级工程师	总监
2	李四	男	34	工程师	总代
3	××	男	34	工程师	土建工程师
4	××	男	34	工程师	安全工程师
5		男	37	工程师	测量工程师
6		男	33	工程师	造价工程师
7		男	31	工程师	监理员
8		男	23	技术员	安全监理员

监理部设总监理工程师 1 人，总监代表 1 人，监理工程师及监理员共 8 人，负责该工程施工阶段的监理工作，其组织框架见图 4-2。

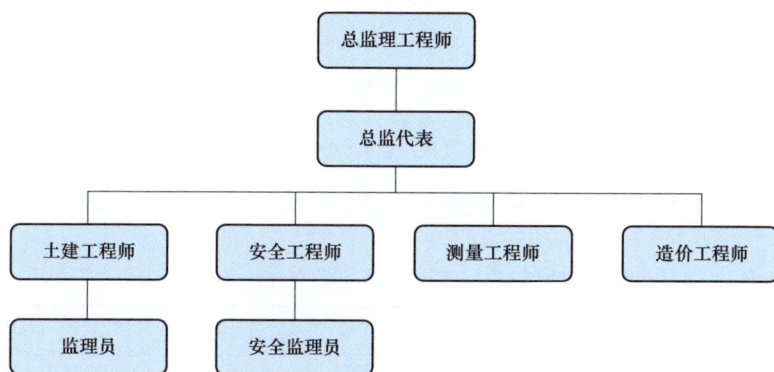

图 4-2　监理组织框架

2. 投入的监理设施

根据监理服务合同，承包商提供了现场 3 间办公用房、宿舍，配置空调、办公桌、文件柜等。监理部除自备一般办公用品如计算器、技术规范、办公纸张、文具等以及小型工具、量具如卷尺、下井照明灯具等外，还自备了电脑，打印机，数码相机、游标卡尺、钢筋扫描仪（定位仪），回弹仪，电阻测试仪，全站仪若干，满足监理人员使用要求。

4.4.5 监理合同履行情况

为全面践行监理服务合同内容以及落实监理投标时所做出的承诺，紧密贴合工程实际状况，在总监理工程师的主导下，精心编制了项目监理规划以及各工点的监理实施细则，同时构建起完善的工作制度，致力于实现规范化管理。

围绕"三控、三管、一协调"这一核心监理工作内容，监理部严格推行总监负责制，明确各岗位人员配置，精准界定各专业监理人员的目标责任。通过旁站监督、定期巡查、专项检查、文件审查、测量复核、见证取样试验、发布指令、发送监理工程师通知、组织监理例会以及紧急会议等多元方式，对施工现场和施工全过程实施全方位、无死角的管控。具体开展的工作主要涵盖以下几个关键方面：

1. 工程质量控制

工程质量是整个项目的核心命脉，其质量状况将伴随着工程实体长久留存。质量控制工作主要通过事前控制、事中控制和事后控制这三个阶段来具体实施。监理部从项目开工伊始直至竣工交付，监理部始终坚守质量底线，严格把控每一个质量环节，详细的工作情况汇总见表 4-5～表 4-8。

表 4-5 　　　　监理过程中相关监理工作统计数据（东段）

监理工作内容	统计数据
	合计
发出监理工程师通知单	12 份
发出监理工作联系单	8 份
质量控制（WHS）设置表	1 份
填写旁站记录表	93 份
组织召开工程例会、各种专题、协调会议	158 次
编制监理月报	45 期

表 4-6　　　　　　　　　　WHS 数据统计（东段）

序号	质量控制方式	数量
1	W	61
2	H	20
3	S	34

注　执行 2017 年版《基建工程质量控制（WHS）及量化评价标准》。

表 4-7　　　　监理过程中相关监理工作统计数据（西段）

| 监理工作内容 | 统计数据 |
	合计
发出监理工程师通知单	10 份
发出监理工作联系单	43 份
质量控制（WHS）设置表	1 份
填写旁站记录表	75 份
组织召开工程例会、各种专题、协调会议	147 次
编制监理月报	36 期

表 4-8　　　　　　　　　　WHS 数据统计（西段）

序号	质量控制方式	数量
1	W	32
2	H	12
3	S	18

注　执行 2017 年版《基建工程质量控制（WHS）及量化评价标准》。

　　按照 100%的数量比例对施工时段质检点进行了检查，500kV 楚庭—广南输变电工程（穗西）电缆隧道各分部分项质量评定合格，WHS 评定累计合格率 100%。

2. 质量控制措施

　　质量是工程监理的关键和核心，监理部依据合同条款、技术规范和设计文件，对工程质量实行事前、事中、事后全过程的监理，重点放在事前和事中控制上。

（1）事前控制。

1）严格审核承包商、专业队伍及构配件生产厂家的资质，同时认真审查特殊工种施工人员的岗位证书，严禁无证上岗。

2）建筑工程施工质量验收涉及建筑工程施工过程和竣工验收控制，是工程施工质量控制的重要环节，合理划分建筑工程施工质量验收层次的非常必要的。因此，在工程前应认真审查了工程的分部、分项工程及检验批的划分，并且明确了要使用的施工表格。

3）严格审查劳务分包的资质，确保有资质的劳务分包进场施工。

4）熟悉施工图纸，开工前组织施工图会审和设计技术交底。

5）对所有分部、分项工程要求承包单位在开工前报送详细的施工方案。监理工程师重点审查是否符合施工合同要求、质量保证体系是否健全、主要技术组织措施是否具有针对性及是否安全有效、施工程序是否合理等。审查后提出审查意见，要求承包单位修改完善，经监理和业主签认后才能实施，从而有效地保证了施工质量和安全。对于盾构（顶管）掘进施工方案、高支模专项施工方案、深基坑开挖专项施工方案等超过一定规模的危险性分部分项工程，组织了专家论证，确保施工安全。

6）加强工程测量放线的控制，测量监理工程师认真检查承包商专职测量人员和岗位证书，督促承包商编制了详细的测量放线方案，对给定的原始基准点、基准线、参考标高、管缝间距等测量控制点进行复核测量成果由专业测量监理工程师进行复核，如图 4-3 所示。

7）争取工作的主动性，做好监理交底工作。对新进场的专业施工队伍，我部组织监理交底会（如图 4-3 所示），主动介绍监理工作的内容、程序、方法、要求、监理人员分工及职责、监理用表等情况，使施工人员对监理工作的开展情况有详细的了解，能够自觉接受监理工程师的监督，也为竣工验收资料的收集整理打下良好的基础；

8）严格执行开工报审制度。督促承包商及时报送相关的开工报审表及附件资料,认真检查、复核施工组织设计是否已批准、图纸会审是否已完成且提出的问题是否有明确处理意见、施工场地及施工用电用水等前期问题是否已落实、交叉施工问题是否已协调等开工条件,确认具备开工条件时由总监理工程师及时签发开工报告,并报建设单位。

图 4-3 监理工程师对区间顶管隧道管缝间距进行复测

(2)事中控制。

1)施工方案与组织管理:督促承包商按审批方案施工,方案调整需申报签认;加强其内部管理,完善工序控制体系,确保人员到位及管理实效。

2)技术与交底把控:严格审查作业技术交底,巡查现场施工,及时纠正技术不足并抽查交底情况。

3)施工设备管控:要求承包商定期检查机械设备,落实交接班制度,做好维护保养,保障特殊设备稳定运行。

4)施工工艺与工序管理:督促执行工艺标准和操作规程,严格工序交接和隐蔽工程验收,划分检验批并建立验收台账。

5)原材料质量把控:把控进场原材料质量,要求提交报审表及质量证明文件,按规定见证取样送检,建立相关台账。

6)质量缺陷处理:要求承包商分析质量缺陷原因,提出处理方案;针对较大问题,组织专题会议研讨解决。

7）施工质量监督：运用巡视、旁站等手段监督施工质量，对关键部位旁站监理，及时发出整改指令并跟踪复查。

8）关键部位重点控制：对关键部位和薄弱环节，事前分析、全天监督、强化技术交底与质量责任管理、监控材料设备、增加巡视验收。

9）计量支付与经济措施：合理行使计量支付控制权，对质量不合格工程不予计量和签认进度款，以经济手段促质量提升。

10）会议与沟通协调：定期主持监理例会，研究工程多方面问题并落实责任；针对各类问题及时向业主汇报，组织专题会议解决。

（3）事后控制。

1）强化验收管理。

a. 检验批与分项工程：依据标准统计施工记录，资料齐全时及时验收检验批，检验批合格后迅速完成分项工程验收。

b. 分部工程：分部完成且分项验收合格、资料完备时，检查施工单位资料并反馈业主，参与验收会议并汇报质量评估。

c. 单位工程：竣工后审查承包商竣工资料，准备监理资料，参与业主组织的验前会议，为竣工验收做铺垫。

2）施工部位质量回溯与管控。

a. 地基基础：回溯施工环节，确保测量放样精确、土方开挖合规、水泥质量达标，组织好基底验槽，保证基础质量。

b. 主体结构及附属结构：回顾施工前技术交底、原材料检查，施工中模板、脚手架、钢筋及混凝土浇筑监控，以及施工后缺陷处理情况，保障主体质量。

c. 盾构掘进与拼装工程：检查管片同步注浆对地层沉降和防水的作用，审视管片拼装各环节如型号确认、止水条粘贴、吊运及螺栓连接质量。

d. 顶管隧道工程：核查测量工作对掘进精度的提升效果，注浆对沉降控制和防水的作用，以及顶管过程顶力控制和管片吊运保护情况。

e. 防水工程：检查混凝土防水配合比控制，地下工程防水的基面处理、卷材施工及细部管理，以及堵漏方案的执行情况。

f. 围护结构：检查 "三检制度" 执行情况，关注地下连续墙、钢筋工程、混凝土浇筑等各环节施工是否符合规范，如图 4-4、图 4-5 所示。

图 4-4　对地下连续墙钢筋间距进行验收

图 4-5　对钢筋笼钢筋间距及设计长度进行核查

4.4.6　工程进度控制

在 500kV 楚庭（穗西）输变电工程电缆隧道建设里，复杂地质和众多下穿物带来极大挑战。监理部采取的进度控制举措成效显著，通过细化施工计划、每日跟踪、发联系单把控节点，以及严格的质量安全全过程控制和人员合理配备，确保工程在重重困难下顺利完工并通过验收，凸显进度控制对保障电力隧道建设顺利推进的关键意义。

1. 进度控制重难点

电缆隧道部分（含隧道土建及风水电）的顶管隧道（西段）总长约为1500m。该段隧道设有四个工作井。隧道穿越的主要地质构成为粉质黏土及淤泥地层，其中需穿越一条浅水无名河道，该河道的地质同样为粉质黏土及淤泥地层浅覆土。在施工过程中，隧道将下穿农庄建筑、枢纽要道，并近距离侧穿重要交通干线。此外，隧道还将下穿正在建设中的满堂架匝道桥梁，由于允许的沉降量较小，因此施工控制难度大，风险较高。

同样位于某地区的 500kV 楚庭—广南输变电工程（穗西）电缆隧道部分的东段土建标隧道，主要采用盾构法加明挖法进行施工。其中，盾构线路的全长约为数公里。盾构区间主要在砂质黏性土、强风化岩及中风化花岗岩等复杂地质条件下掘进。在施工过程中，盾构机需穿越上软下硬的地层，并多次下穿高压燃气管道等关键设施。特别是某一区间，盾构机以较小半径下穿重要高速公路的互通高架桥，直至某主要干道向东方向。最终，在隧道与建筑物基础最小间距为一定安全距离的情况下，盾构机从 500kV 广南变电站北侧向东南方向以较小半径下穿变电站地块，顺利到达下一个工作井。

东段土建标的工作井均采用明挖法施工，围护结构采用地下连续墙或钻孔灌注桩加旋喷桩等先进工艺。隧道结构为地下二层与三层结构，设计科学、合理。然而，由于工期短、风险高、进度压力大等因素，该工程的施工难度仍然较大。

2. 进度控制措施

针对上述工期的问题，监理部要求施工单位上报详细的施工计划，详细到每天。对照计划每天按时在东西段工作群（微信）里上报每天施工完成情况，并分析未完成原因，要求施工单位采取加大投入措施。追赶滞后进度。

并要求施工单位合理调整工期，动态施工，确保最终完成节点工作。

盾构（顶管）区间隧道施工期间，根据现场完成情况，发出工作联系单，要求施工单位加班加点，按时完成节点工期。

监理部检查、验收做到事前、事中、事后控制。根据施工实际情况，合理配备监理人员，做到24h有监理人员在现场，节假日有监理人员值班。提前到现场进行质量安全检查，要求施工单位第一时间整改，做好监理事前控制工作，把问题消灭在萌芽阶段，确保施工顺利进行。

经过施工单位的努力下，东西段土建单位顺利完成施工，并通过单位竣工验收。

4.4.7　安全管理

在监理过程中监理部严格按《建筑施工安全技术统一规范》（GB 50870—2013）对工程进行监督控制，重视预防、强调监督。有关工程安全监理工作情况统计见表4-9。

表4-9　　　　　　　　有关工程安全监理工作情况统计

序号	工作内容	单位	数量	备注
1	组织安全专题会和专项检查	次	42	及时处理施工中存在的安全隐患
2	审批安全专项方案	次	21	土方开挖、盾构（顶管）吊装、高支模等方案
3	审核承包商人员资质	次	27	特种作业人员、承包商管理人员资格等
4	组织定期安全检查	次	290	月度安全检查58次，周检232次
5	安全教育及安全技术交底旁站	次	34	新进场工人三级安全教育、月度安全教育、专题安全教育等
6	发出安全方面的通知和工联单	次	13	日常检查工地发现的安全隐患，及时向承包商发出整改要求，并督促落实
7	审核进场设备	次	16	进场挖掘机、吊机、电焊机、空压机等
8	审核安全措施费使用情况及审批安全措施费使用计划	次	12	及时审核确保安措费的专项使用
9	劳务分包单位资质审核	次	1	劳务分包单位资质证书

工程盾构掘进隐患多，五次穿越上软下硬地层、并下穿排水箱涵、高压燃气管道、在建桥梁、高速及广南变电站。高支模施工的安全问题，面对较为严峻的安全形势，监理部认真抓了以下的工作：

（1）采用技术措施，从本质上消除安全隐患。对于基坑施工、区间隧道沿线建筑物的施工保障，首先要求承包商编制高支模施工专项方案、基坑施工专项方案及盾构（顶管）专项施工方案，邀请各单位在内的相关人员、专家进行专题论证，结合工程设计计算、已有的其他工程实例等，反复推敲及多次修改完善方案，使方案能满足施工安全和技术要求。

（2）定期进行安全知识培训，提高安全生产意识。由于近年来安全生产的法律法规、企业规章等越来越多，若承包商项目部未能对各级管理人员及时进行安全相关规定的培训，则导致安全规定的落实大打折扣，安全管理工作相当被动。为此，总监每月至少组织一次工地全体人员参加的安全知识培训，包括施工管理人员、工人，以及监理部监理人员进行安全知识培训，交流学习新法规、新规章，同时结合工地施工存在的安全问题进行剖析讲解，也兼顾讲解承包商的管理制度，向作业人员灌输工地安全隐患情况及安全隐患的防范知识，使作业人员的安全生产意识有一定的提高，促进工程安全生产工作稳步向前。

（3）落实安全监理责任，加强过程监控和及时处置安全隐患。在要求承包商做好安全技术措施的基础上，监理部注重履行施工过程的安全监理职责，在日常的巡查中，注意按相关规定的要求对承包商安全措施的落实情况、管理人员的按章指挥情况、作业人员的按章操作情况等进行检查，尤其注意检查起重吊装、施工安全用电、有限空间、高支模、对沿线有建（构）筑物的保护等存在重大安全隐患项目的施工安全情况，及时发现和防止安全施工的发生。

对施工过程中可能导致重大影响的安全隐患，果断暂停相关工序的施工，处置完成后才恢复生产，如顶进过程中地面出现下沉、开裂、涌砂涌泥等，均坚决要求承包商暂停作业至整改完成并进行复核确认后方允许继续施工。

对于承包商拒绝整改的，监理部经反复督促承包商无效后，果断报告业主及相关主管部门进行处理。

依据相关法律法规规范规定、供电局及企业相关规章制度的要求，监理部将安全生产涉及的承包商安全文明施工方案、人员投入及资质控制、人员安全教育及平安卡办理、安全生产措施费计划及使用情况、施工过程的安全操作和安全指挥、关键工序及危险性较大工序的施工安全、重大设备进场验收及安全使用、安全设施的设置及维护、应急救援演练、安全管理档案资料的编制管理等作为安全生产文明施工监理的重点进行严格监控。监理部通过监理例会、专题会、专家会、座谈会等方式督促承包商分析并提出有效可行的现场防范措施。

在日常监理过程中，监理部人员坚持每天检查施工现场安全情况，重点控制承包商是否严格按审批的方案施工。坚持每天认真分析承包商、第三方的施工监测数据，发现异常及时督促承包商进行处理，并向业主及上级有关部门报告。坚持每周组织承包商对施工现场安全文明施工情况进行全面检查，每月月底进行月度安全大检查，节假日期间进行有针对性安全检查，对发现问题，督促承包商做好安全隐患整改并跟踪整改落实情况。坚持每月定期组织承包商所有人员进行安全教育培训，对重大设备进场验收及安全使用、安全设施的维修保养、应急救援演练及应急物资储备、安全管理档案资料的收编管理等方面认真监控，施工过程未发生任何安全事故，顺利完成各个项目的施工。

4.4.8　合同管理

在合同管理方面，监理的中心工作是进行项目目标控制、履行合同承诺、防范合同纠纷。监理部在熟悉施工承包合同、监理服务合同同时，一是对劳务作业内容、范围以及对整个工程的影响也进行审查；二是根据业主授权范围、规定程序对工程量和变更工程量的签证确保其质量合格、数量真实、计价准确；三是做好防范工作，督促严格执行进度计划，确保工期目标的实现；四是采取防范措施，预防费用索赔，公正、忠实维护业主和各方合法权益。

4.4.9 信息管理

（1）检查监理内部的信息管理。在信息监控方面，监理部按公司业务手册要求，踏踏实实做好日常报表填写、各种会议纪要编写、文件及方案处理管理、现场监理资料分类和存放管理、监理部现场电子文档管理、监理竣工资料整理与归档、电力建设项目电子档案归档整理、监理台账管理等工作，资料管理做到了简洁整齐、查询方便、齐全完整。

（2）检查、督促承包单位准确、及时、规范化地提交文件或信息。根据业主和供电局档案管理部门的档案管理规定或要求，专业监理工程师对口检查，监督承包单位的下述系列的报表或签证申请：

1）质量控制系列报表。

2）进度控制系列报表。

3）投资控制系列报表。

4）安全文明施工系列报表。

（3）主动获取信息。为了加强合同管理，公正地处理或判断承包单位、业主的权、责、义，监理工程师必须主动积极全面地收集有关工程的信息，具体包括：

1）通过目测、量测、试验、检验、照相、拍摄等手段，准确记录工程现场状况，获取第一手资料。

2）及时收集承包单位施工过程中质量、进度、工程计量、安全等控制的原始记录或施工参数。

3）及时收集国家、当地政府、业主等发布的有关与本工程相关的信息。

4.4.10 工程协调

项目监理部的协调工作主要有利用一切机会、可行方式方法，创造和谐工作氛围，搞好项目监理机构内部人际关系、组织关系、内部需求关系协调，塑造能打硬仗的团结团队。在理解建设工程的总目标、业主意图的基础上做好监理宣传工作，增进业主对监理工作的理解，搞好与业主关系协调。坚持原则、实事求是、监帮并进，严格按规范、规程办事，充分用好语言、感情、授权等手段做好与承包商的协调。真诚尊重设计单位意见，施工中出现问题及时与设计单位沟通，及时、按程序向设计传递信息，以此协调好设计单位关系。利用座谈、会议、联谊、书面、电子、电话等方式，适时与政府部门及其他单位相关人员进行沟通，为工程施工创造和谐的外部环境。

4.4.11　管理评价

在土建部分的工程管理中，建立一个高效而明确的组织结构，其中包括总监理工程师、总监代表以及一支由专业监理工程师和监理员组成的团队。这一结构确保了工程管理的有效性，并提高了工作效率。通过制定详尽的施工计划和实施日常进度报告制度，有效地监控和控制了工程进度，确保了任何潜在的工期延误都能得到及时的发现和解决。在质量保证方面，坚持从质量策划到施工过程中的旁站监督和检查，再到最终的质量验收，每一步都严格遵循设计和规范要求，以确保工程质量达到最高标准。同时，对安全生产给予了高度重视，通过实施一系列的安全监管措施，如开展安全教育、进行定期的安全检查、积极排查隐患并及时整改，有效地预防了安全事故的发生，保障了施工现场的安全稳定。

在创新点方面，监理部采纳了多种现代信息技术以提升工程管理效率，包括建立电子档案系统和运用监理管理软件。针对工程的地质和水文地质条件，监理部提出了环境适应性施工方法，例如采用高压旋喷桩进行加固和对盾构机土仓压力进行精确控制。在质量控制领域，监理部引入了无损检测技术对隐蔽工程进行检测，以确保工程质量满足标准。同时，在安全管理方面，监理部实施了创新措施，如使用移动空气监测仪器和执行安全教育及安全技术交底旁站，从而显著提高了施工现场的安全管理水平。

土建部分的管理工作体现了高标准、严要求的特点，通过有效的组织管理、风险控制、问题解决和创新实践，确保了工程的顺利进行和高质量完成。

第5章　工程建设电气智能质量管理机制

电力电缆线路是输电线路的重要组成部分，而电气安装质量是否合格直接影响电缆线路的可靠性和稳定性，不断地规范及提升管理要求具有重要的意义。

5.1　管　理　理　念

电气部分工程建设管理理念是贯穿工程建设全过程的核心指导思想，应秉承质量引领、安全第一、科学管理的宗旨。工程建设单位应以工程质量为导向，严格围绕电缆施工标准展开工作，确保每个环节符合高标准质量要求。管理过程需要遵循质量为要，品质为基；智能为先，提升效率；预防为主，安全至上；以人为本，可持续管理的发展理念。

"质量为要，品质为基"要求在高压电缆的全生命周期中保证施工质量。工程质量是电网建设的生命线，在电缆敷设阶段必须始终把质量放在首位，严格按照设计图纸进行施工，精细化管控施工流程，确保工程质量无可挑剔。

"智能为先，提升效率"这一理念在电气安装管理领域中显得尤为重要。它强调在电气安装过程中融入智能化技术，从而显著提升管理效率和工程质量。通过智能化手段，可以实现对电缆线路施工过程的实时监控和数据分析，确保施工质量始终符合行业标准。智能化管理不仅限于此，还包括利用先进的信息技术，例如物联网、大数据分析和人工智能等，来优化资源配置，减少人为错误，提高决策的科学性。通过这些技术的应用，可以实现对电气设备的远程控制和维护，进一步提高系统的可靠性和安全性。

"预防为主，安全至上"要求在施工过程中预防缺陷发生，建立健全安全保障体制。通过提前识别潜在风险，制定有效的预防措施，能够将安全隐患消灭在萌芽状态。作业人员和设备属于施工过程的主体，工程建设单位需要建立相应安全管理制度、加强现场安全管控，保障人身安全和设备安全。

"以人为本、可持续管理"要求在工程管理过程中注重人才培养，积极打造专业化团队，探索新型管理模式。着力培养具备电缆专业知识和管理实践能力的交叉学科精英，拓宽管理学科视野，注重提升项目管理能力，结合实践锤炼实操技能。融合智能化、绿色化、协同化管理理念，探索与实践"智能绿动协同管理模式"，助力实现工程管理的科学化、高效化、低碳化，推动工程建设的可持续发展。

5.2　管　理　目　标

电气部分工程建设质量管理是一个多维度、综合性的体系，旨在确保工程项目达到预定质量标准，对电缆敷设全流程进行约束，保证工程顺利进行，降低安全风险，实现规范化管理目标。

5.3　管　理　实　践

电缆敷设施工是电力工程中至关重要的环节，其关键管控流程涉及多个精细化的技术要点。主要包含电缆敷设技术、电缆中间接头制作技术以及电缆试验技术。电缆敷设技术需严格遵循预先规划的施工路径和方案，确保电缆的铺设安全稳定，符合行业标准。在敷设过程中，应严格控制电缆的埋设深度、净距等关键参数，同时加强现场施工管理，确保施工质量和安全。电缆中间接头制作技术是电缆施工中不可忽视的一环，接头制作质量直接影响电缆系统的安全稳定运行。制作过程中，应严格按照工艺要求进行，确保接头的结构完整、连接可靠。电缆试验技术作为检验电缆及接头质量的重要手段，必须严格执行。通过全面的绝缘电阻测试、介电强度测试等，确保电缆系统满足运行要求，为电力系统的稳定运行提供有力保障。电缆敷设施工过程中的关键管控流程是确保电缆施工质量与安全的关键所在，为了确保电缆电气验收的质量和安全，必须建立科学有效的管理理念，从而提升电缆系统的可靠性和稳定性。本文将探讨电力电缆电气验收的管理理念，并阐述如何通过规范管理提高电缆系统的运行效率和安全性。

一是要确立质量第一的理念。电缆系统的安全性和可靠性直接关系整个电力系统的稳定运行。因此，在电缆电气验收中，务必确立质量第一的理念。管理者和工作人员必须始终牢记质量是企业的生命线，坚持严格按照标准操作，严格控制每一个环节，确保电缆的质量符合要求。二是建立完善的验收标准和流程（简称管控要点）。电缆电气验收需要依据相关标准和规范进行，只有建立完善的验收标准和流程，才能有效保障电缆系统的质量和安全。管理者应当加强对验收标准的研究和学习，不断完善验收流程，确保每一个环节都符合标准要求，做到全程把控。三是加强现场监督和检查。在电缆电气验收过程中，必须加强现场监督和检查，及时发现和解决存在的问题，确保电缆系统的安全性和可靠性。管理者要加强对现场工作的监督，建立健全的检查机制，定期对验收工作进行检查评估，及时纠正问题，提高验收工作的效率和质量。四是强调团队协作和沟通。电缆电气验收是一个涉及多个部门和人员的工作，需要各方密切配合，才能确保工作的顺利进行。因此，必须强调团队协作和沟通，建立起良好的工作氛围和合作机制，使各方之间能够有效沟通和协调，共同推动电缆系统的建设和验收工作。

电力电缆电气验收的管理理念是确立质量第一、强化技术培训和管理团队建设、建立完善的验收标准和流程、加强现场监督和检查、强调团队协作和沟通。只有通过科学有效的管理理念，才能提高电缆系统的可靠性和安全性，确保电力系统的正常运行和稳定供电。

1. 严守电缆敷设质量关

电缆敷设全流程要严守质量关、筑牢防护墙。过程应从一致性、完整性、预防性开展管理工作。确保电缆到货、电缆吊装上架、电缆开箱及试验、电缆引出、隧道内敷设、电缆上架、蛇形波幅施工、电缆外护层试验等环节遵循技术规范与质量标准要求有序开展。

（1）一致性。在电缆敷设的全过程中，一致性是确保电气部分工程质量稳定可靠的关键基石。一致性要求从电缆的源头开始，直至敷设完成的每一个环节，都必须严格遵循既定的标准和规范。

电缆的规格、数量和技术参数等方面必须与合同要求精确匹配。这不仅是满足项目需求的基础，更是确保电缆性能和使用寿命的重要保障。一旦电缆的规格或技术参数与合同要求存在偏差，就可能导致整个电缆系统的性能下降，甚至引发安全隐患。

在电缆敷设的各个环节中，操作方法和步骤也必须保持一致。从电缆的吊装上架到开箱检查，再到引出、隧道内敷设、上架、蛇形波幅施工以及外护层试验等每一个步骤，都需要严格按照既定的操作规范进行。这可以确保每个环节的质量都得到有效控制，避免因操作差异导致的质量问题。

通过保持一致性，可以有效减少因操作差异带来的潜在风险。电缆敷设工程是一个复杂的系统工程，涉及多个环节和多个参与方。如果每个环节的操作方法和步骤都存在差异，就可能导致整个工程的质量难以控制。而一致性管理则可以通过统一的标准和规范，确保每个环节都按照既定的要求进行，从而降低潜在风险。此外，一致性还有助于提高工作效率和降低操作失误率。当所有参与方都遵循相同的标准和规范时，可以减少不必要的沟通和协调成本，提高工作效率。同时，由于操作方法和步骤的统一性，也可以降低操作失误率，提高工程质量。

（2）完整性。完整性在电缆敷设质量管理中扮演着至关重要的角色，是贯穿于电缆敷设全过程的核心理念。在电缆敷设的每一个环节，从电缆到货的初步检查到最终的施工完成，完整性都必须得到严格的保障。

电缆到货时，包装和标识的完整性检查是第一步。这包括对电缆的包装材料、密封性、标签信息等进行全面而细致的检查，确保电缆在运输过程中没有受到任何损害。在吊装上架过程中，工具的完整性同样不容忽视。任何微小的工具损坏或缺失都可能影响到电缆的吊装质量和安全性。因此，必须在使用前对吊装工具进行全面检查，确保其完好无损。电缆开箱检查是另一个关键环节。在这个阶段，需要仔细检查电缆的外观、长度、数量等，并与合同要求进行对比，确保电缆的完整性没有受到任何影响。

进入施工阶段后，完整性检查更是必不可少。在引出、隧道内敷设、上架、蛇形波幅施工以及外护层试验等各个环节中，都需要对电缆和相关设备进行细致的检查。任何可能导致电缆损坏或缺失的因素都必须被及时发现并处理，以确保电缆的完整性得到最大程度的保障。

这种完整性检查的重要性在于，它能够确保电缆和相关设备在运输、存储和施工过程中不受损害。任何设备损坏或缺失都可能导致电缆性能下降或安全隐患，甚至可能对整个电缆系统造成严重影响。因此，通过完整性检查，可以及时发现并处理潜在的问题，避免因设备损坏或缺失导致的质量问题，从而提高电缆敷设的整体质量。

（3）预防性。在电缆敷设的复杂过程中，预防性措施构成了保障电缆敷设质量、可靠性和安全性的坚实防线。预防性措施的核心在于及时发现并解决问题，从而消除潜在的风险和故障，确保电缆敷设工程的顺利进行。

到货前的预防性检查是电缆质量控制的第一道关口。通过对电缆的细致检查，可以确保其规格、数量、技术参数等符合合同要求，避免因电缆本身质量问题导致的后续故障。吊装前的预防性检查同样关键。检查吊装工具的安全性，确保它们能够稳定、安全地吊装电缆，避免因吊装过程中工具故障导致的电缆损坏或人员伤害。开箱试验是预防性措施中的重要一环。通过开箱全面检查电缆的外观、绝缘层、导体等部分，可以预防性地发现电缆可能存在的缺陷或问题，从而及时进行处理，避免在敷设过程中才发现问题而造成损失。

在电缆的引出和敷设过程中，控制引出速度和张力等参数是预防电缆损伤的关键。合理的引出速度和张力可以确保电缆在引出过程中不受损害，同时也有助于减少电缆在敷设过程中的应力集中，提高电缆的使用寿命。检测隧道内环境也是预防性措施中不可忽视的一环。隧道内的湿度、温度、杂质等因素都可能对电缆的敷设产生影响。通过检测隧道内环境，可以及时发现并处理潜在的问题，确保电缆在敷设过程中不受损害。

总而言之，预防性措施通过及时发现并解决问题，消除潜在的风险和故障，为电缆敷设工程提供有力的保障。在实际操作中，应该充分重视预防性措施的重要性，确保每一个环节都得到有效的预防性检查和管理，从而确保电缆敷设工程的质量和可靠性。

2. 严管中间接头品质线

在 500kV 电缆中间接头的制作过程中，质量管理的关键在于规范操作和准确执行。规范操作不仅是确保电缆接头高质量、高稳定性的基础，而且具有至关重要的意义。通过制定并遵循严格的操作规程和标准，每一步操作都能符合预定的质量要求，从而确保电缆接头的质量和稳定性。规范操作涉及从材料准备到工艺实施的每一个细节，包括热电偶的精确设置、阻水缓冲层的细致处理、加热带的合理使用等，以及选用符合质量标准的工具，如无尘布、无水乙醇、砂纸等，以及合格的原材料，可以确保操作的一致性和可靠性。这些步骤的严格执行能够减少人为因素的影响，降低操作难度，提高电缆接头的制作质量。

规范操作能够降低故障率和维修成本，延长电缆的使用寿命。一个高质量的电缆接头能够减少电力系统中的故障发生，降低因故障导致的停电和损失。同时，规范操作还能提高制作效率，减少不必要的浪费，降低生产成本。这对于保障电力系统的安全运行和降低运营成本具有重要意义。

准确执行是确保规范操作得以有效落实的关键，也是提高电缆接头制作质量的重要因素。即使制定了再完善的规程。准确执行要求操作人员必须熟练掌握操作技能和质量要求，能够在实际操作中准确无误地执行每一步操作。这包括精确控制加热温度、准确测量尺寸、严格执行质量检查等。每一个细节都不能马虎，每一个步骤都不能含糊。只有准确执行，才能确保制作出的电缆接头符合质量标准，具备优异的电气性能和机械性能。

准确执行能够保障电缆接头的质量和稳定性，降低故障率和维修成本。一个准确执行的电缆接头能够在各种复杂环境中稳定运行，为电力系统的安全供电提供可靠保障。同时，准确执行还能提高生产效率，缩短生产周期，为企业赢得更多的市场机会和竞争优势。

规范操作和准确执行是 500kV 电缆中间接头制作过程中质量管理的两大核心要素。它们不仅直接影响接头的质量和稳定性，而且对整个电力系统的安全运行具有重要意义。因此，在制作过程中应高度重视这两个方面，确保规程得到有效执行，从而制作出高质量的电缆接头。

3. 严控电缆试验全过程

（1）质量管理：试验前准备与检查。在进行电缆交接试验之前，质量管理的首要任务是确保试验前的准备充分且符合标准。这包括检查试验设备是否齐全、校准是否准确，以及试验设备是否满足当前试验的需求。同时，对电缆进行全面而细致的检查也至关重要，需要确认电缆的完整性、无损伤、无缺陷，并确保其处于良好的工作状态。还应制订详细的质量管理计划，明确质量检查的标准、流程和要求，确保试验过程中的每一步都符合质量管理标准。

（2）质量控制：试验过程监控与记录。在试验过程中，质量控制是确保试验结果准确可靠的关键。这要求实施严格的试验过程监控，确保每一步操作都符合预定的质量要求。同时，记录关键信息也是质量控制的重要一环，需要记录试验数据、异常情况处理等关键信息，以便后续分析和改进。除此之外，定期对试验设备进行质量检查也是必要的，确保设备状态良好、无故障，以保证试验结果的准确性和可靠性。

（3）质量保证：试验后评估与报告。试验完成后，质量保证的工作主要是对试验结果进行全面评估，确保试验结果符合预定的质量标准要求。这包括对试验数据的分析、对比和验证，以及对试验结论的准确性和可靠性进行评估。同时，编制详细的试验报告也是质量保证的重要一环，该报告应包含试验数据、结论、建议等内容，为后续的电缆交接工作提供有力的支持。对于试验过程中发现的问题和不足之处，需要制定相应的整改措施，以提高电缆交接试验的质量水平。

（4）安全管理：试验安全措施与应急预案。在电缆交接试验过程中，安全管理是确保试验过程顺利进行的重要保障。这要求制定并实施严格的安全操作规程，确保试验人员能够按照规定的流程和要求进行操作。同时，配备必要的安全设备和防护措施也是必不可少的，如防护服、安全帽等，以确保试验人员的安全。此外，制定应急预案也是安全管理的重要一环，需要针对可能出现的突发情况制定相应的应对措施，以确保在紧急情况下能够及时有效地处理，保障试验过程的安全和顺利进行。

4. 严抓建设工程样板段

在电缆敷设过程中，实施样板段建设方案是一种系统化的工程管理策略。在敷设工作开始之前，需要详细规划敷设方案，包括技术规范、施工流程、资源配置和质量标准。精心选择具有代表性的区段作为样板段，确保其能够模拟实际敷设过程中可能遇到的各种条件和挑战。在样板段内进行小规模敷设，严格按照设计方案执行，确保敷设参数和施工技术的准确性。在敷设过程中，对关键参数进行实时监测，并收集数据，如敷设速度、电缆张力、地形适应性等。完成样板段敷设后，对施工结果进行评估，验证方案的可行性、敷设质量和技术要求的满足度。根据样板段敷设的结果，分析存在的问题和不足，对敷设方案进行必要的调整和优化。在样板段验证无误后，进行大规模敷设前的最终准备，包括资源调配、设备检查和施工计划的细化。按照优化后的方案，展开全面的电缆敷设工作，同时持续监控施工质量，确保与样板段一致的标准。在全面敷设完成后，进行后期评估，收集施工团队和监理的反馈，为后续项目提供经验总结。

通过这一流程，样板段建设方案不仅为电缆敷设提供了一个经过实践检验的施工模板，而且通过不断地监测、评估和优化，确保了整个敷设工程的质量和效率。

5. 严格打造建设攻关队

在工程建设初期，严格打造工程建设攻关队，团队成员包含设计单位、建设单位、施工单位、运维单位，相互高效协调配合，推进电缆工程的高质量快速建设。

（1）明确团队目标与分工。为了让团队成员清楚地了解工作方向和自身职责，在项目开始前组织召开专项会议，明确项目的总体目标以及各个阶段的细分目标。例如，在500kV楚庭—广南输变电工程中，总体目标是在规定时间内建成符合质量标准的电缆工程，而细分目标是电气包含到货验收、电缆敷设、附件安装、竣工试验等各个环节，土建部分包含风、水、电、环境监测等环节，梳理出在不同时间节点的具体任务。同时，根据团队成员的技能和经验，进行合理的分工。将擅长规划的成员安排在项目策划岗位，让技术精湛的人员负责关键施工环节，使每个人都能在自己擅长的领域发挥最大作用。

（2）简化和优化流程。对现有工程流程进行全面梳理，去除繁琐和不必要的环节。以审批流程为例，可以通过信息化手段实现线上审批，减少文件传递和等待的时间。引入并行工作模式，对于一些相互关联但不依赖的工作，允许同时进行，例如，在500kV楚庭—广南输变电工程中，攻克附件安装中的难题后，核心步骤由厂家人员开展，常规步骤施工单位多小组负责，多层级平行推进，工期提前14天完成附件安装。

（3）建立有效的沟通机制。搭建多种沟通渠道，包括定期的团队会议、即时通信工具、项目管理软件等，确保信息能够及时、准确地传递。例如，在500kV楚庭—广南输变电工程中，每天早上的短会，让各小组汇报前一天的工作进展和遇到的问题。团队商议进行快速定性。

（4）加强培训与技术创新。定期组织团队成员参加专业培训，提升他们的技能水平和知识储备。例如，在 500kV 楚庭—广南输变电工程中，对建设过程不断模拟，攻关队成员开展 500kV 附件自主安装，学习最新的施工技术和管理经验。鼓励团队成员进行技术创新。

（5）建立质量监控体系。制定严格的质量标准和检验流程，在每个施工环节结束后，都进行质量检测。例如，在 500kV 楚庭—广南输变电工程中，电缆敷设过程中对电缆 X、Y 轴开展监测，保障敷设质量，对于发现的质量问题，及时追溯原因并进行整改。通过以上举措，相信能够在工程建设中打造出一支高效的攻坚团队，实现资源充分协调、流程缩短、效率提升和质量保证的目标，电缆敷设外径跟踪表见表 5-1。

表 5-1　　　　　　　　　　　电缆敷设外径跟踪表

工程名称：500 千伏楚庭（穗西）输变电工程（500 千伏楚庭—广南双回电缆线路工程）

敷设日期：2022.11.1　　编号：

线路名称	相序	敷设长度（m）	测量位置	实际受力前直径（mm）	实际受力后直径抽查（mm）	敷设完成后直径（mm）	备注
500 千伏楚庭—广南线	乙线 F4-F5 段 A 相	5	1	174.72	174.74		
			2	176.98	176.98		
			3	176.74	176.74		
			4	175.68	175.64		
		50	1	175.42	175.42		
			2	174.22	174.16		
			3	176.32	176.36		
			4	174.82	174.82		测量位置示意图
		100	1	176.48	176.52		电缆厂家选择：
			2	174.78	174.78		□甲线：特变电工
			3	176.74	176.78		山东鲁能泰山电缆有限公司，电缆直径：171.5（0，+6.0）mm；
			4	175.64	175.64		☑乙线：青岛汉缆股份
		150	1	176.52	176.56		有限公司，电缆直径：175.4（-2.0+6.0）mm
			2	174.54	174.54		
			3	175.46	175.42		
			4	174.68	174.68		

续表

线路名称	相序	敷设长度（m）	测量位置	实际受力前直径（mm）	实际受力后直径抽查（mm）	敷设完成后直径（mm）	备注
500千伏楚庭—广南线	乙线F4－F5段A相	200	1	175.68	175.72		
			2	174.76	174.76		
			3	174.22	174.26		
			4	174.16	174.16		
		250	1	177.34	177.34		测量位置示意图
			2	173.68	173.64		
			3	175.48	175.48		电缆厂家选择：
			4	174.32	174.32		□甲线：特变电工山东鲁能泰山电缆有限公司，电缆直径：171.5（0，+6.0）mm；
		300	1	175.90	175.98		
			2	174.02	174.02		
			3	174.04	174.12		☑乙线：青岛汉缆股份有限公司，电缆直径：175.4（−2.0+6.0）mm
			4	174.18	174.18		
		350	1	177.20	177.14		
			2	173.46	173.52		
			3	175.06	175.06		
			4	175.54	175.54		

5.4 管理成效

5.4.1 工程概况

500kV 楚庭—广南输变电工程是广东省首条 500kV 电缆线路，也是全国最长 500kV 陆地电缆线路。工程自 2022 年 9 月 28 日起，开始首盘电缆敷设，并于 2023 年 3 月 21 日全部敷设完成，电缆敷设全长 117.618km。

5.4.2 电缆敷设全流程

1. 电缆到货

由于电缆生产周期的影响以及施工敷设场地的限制，电缆是分批到货。

这期间需要协调电缆生产厂家发货、到货时间。此外，电缆要到达敷设现场，道路比较复杂，需要提前协调厂家勘查送货路线，并实时了解路线状况。

2. 电缆吊装上架

500kV 电缆 44.7kg/m，单盘总质量约 32～36t。由于整盘电缆较重，要选用合适的吊车，勘查吊车站位。检查吊具无损伤，检查吊车是否接地，检查支腿是否稳固。

3. 电缆开箱及试验

（1）开箱检查时，要严格检查电缆是否有压扁现象，检查电缆外观是否有刮伤处，检查电缆头部、尾部是否密封严实，是否有潮湿状况。

（2）电缆外护套试验，要严格检查绝缘工器具是否有损伤；做好围蔽，无关人员禁止靠近；电缆外护套绝缘电阻试验，绝缘电阻电压 2500V 档，每千米不小于 0.5MΩ；电缆外护套耐压试验，要直流电压升至 10kV，持续 1min，读取 15s 和 1min 时泄漏电流，不击穿；然后需要再做一次电缆外护套绝缘电阻试验，前后电阻应无变化。

4. 电缆引出

（1）有放缆架的，牵引人员要带好安全带；放缆架需要上人的，需要做好挡脚板、防滑措施，并经过验收后方可使用；电缆输送机要调好宽度，防止磨伤电缆外护套。

（2）电缆头部要做好校直，防止放缆敷设时脱离滑轮。

5. 隧道内敷设展放

机械敷设电缆的速度不宜超过 15m/min，特别电缆在较复杂路径上敷设时，其速度应适当放慢。这里隧道内敷设电缆时，电缆速度恒定为 6m/min，当电缆盘剩约 2 圈时，应立即停车，在电缆尾端进行手扳葫芦受力绑扎固定，严禁线尾自由落下，防止摔坏电缆和弯曲半径过小。每敷设 50m 检查外护套是否有变形及磨损，并在转弯处对电缆侧压力进行实时监测，其数值不得大于 3kN，如有异常，立即停止敷设并采取相应措施。电缆敷设时，在电缆终端和接头处应留有一定的备用长度。用机械敷设电缆时不宜采用钢丝网套直接牵引电缆护套，电缆应预制牵引头进行牵引，牵引头牵引铜芯和铝芯的最大牵引强度分别为 70N/mm² 和 40N/mm²。

（1）隧道敷内设前，要严格执行"先检测，再通风，再检测，再施工"的措施，隧道内数据监测见图 5−1。

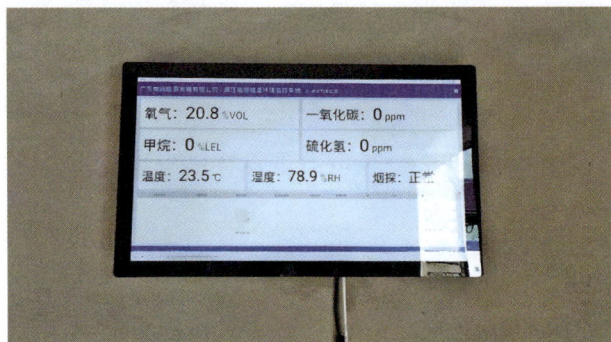

图 5−1　隧道内数据监测

（2）检查隧道内电源箱、电源线、灭火器、应急照明符合安全标准，见图 5−2。

图 5−2　检查隧道内安全设施

（3）严格站班会制度，隧道口设置值班人员，施工人员出入隧道做好登记，确保离开隧道的人数与进入时登记的人数完全一致，以此保障施工人员的安全管理与施工现场的有序运行。

（4）隧道内施工，除进入隧道前的检测外，施工人员中至少要有一位佩戴移动空气监测仪器（见图 5-3），配备好照明设备，并设置专职安全员进行监护，一旦有问题，及时组织人员撤离。

（5）保持隧道内与地面通信通畅。

（6）检测隧道内敷设环境，电缆通道通畅，无积水。

（7）敷设时，敷设速度不应超过 6m/min，电缆弯曲半径不得小于电缆直径的 20 倍，转弯处侧压力不得大于 3kN。

图 5-3　移动空气监测仪

（8）认真计算好电缆敷设需要的力，根据电缆技术参数可得电缆质量为 44.7kg/m，滚轮上牵引 $\mu = 0.1$；电缆采用牵引头牵引方式，最大牵引强度为 $70\text{N/mm}^2 \times 2500\text{mm}^2 = 175\text{kN}$，合理布置放缆滑轮，电缆输送机距离。

（9）电缆上不得有铠装压扁、电缆绞拧、护层折裂等未消除的机械损伤；为保证电缆敷设质量，应做相应管控措施：放缆前，每隔 50m 做一个标记，测量四个点电缆外径并记录；放缆过程中，每敷设 50m，再次测量标记点电缆外径并记录；同时记录敷设中绞磨拉力。电缆敷设外径测量见图 5-4，放缆与外径测量示意图见图 5-5。

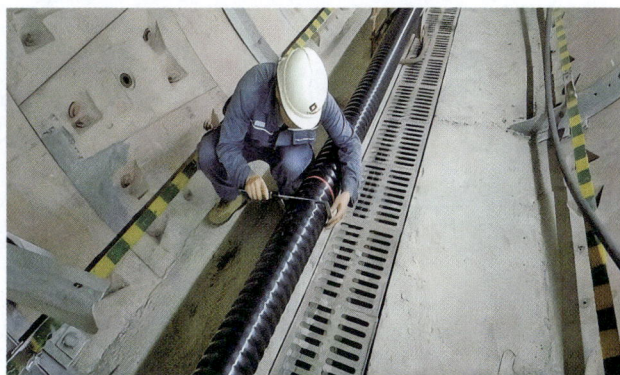

图 5-4　电缆外径测量示意图　　　图 5-5　放缆与外径测量示意图

6. 电缆上架

电缆在隧道内牵引到位后，采用电动提升装置，将电缆提升至电缆支架。上架前，要先在支架上预先安装辅助滑轮，减少下一步蛇形波幅时的摩擦力，防止护套刮伤，电缆安装辅助滑轮装置与敷设实例见图5-6。电缆上架过程见图5-7。

(a) 电缆敷设辅助滑轮装置　　　　　　(b) 电缆敷设现场图

图5-6　电缆安装辅助滑轮装置与敷设实例

图5-7　电缆上架过程

（1）检查上架时所用吊带、钢丝绳以及手扳葫芦是否有损伤，是否有合格标志。

（2）电缆支架要端部，要做好防护，防止磕碰到电缆；吊带如有需要，可加护垫防止勒伤电缆。

（3）电缆上架敷设为"品"字形敷设，注意电缆相序。

7. 蛇形波幅施工

利用蛇形波幅专用工具将电缆弯曲为高低起伏的蛇形，减小电缆轴向热应力，防止电缆热胀冷缩轴力过大对接头结构造成破坏。500kV 楚庭站 1 号工作井为明挖隧道，在由下往上第二层，"品"字形排列；1～8 号工作井区间为顶管隧道，采用"品"字形垂直蛇形敷设（自下而上第二层），在隧道内面向楚庭变电站方向是左侧为乙线，右侧为甲线，蛇形敷设在由下往上第二层，"品"字形排列。

蛇形波幅施工允许误差为 –10～0mm，工程纵向蛇形敷设适用于支架间距为 4.8/5m 隧道内电缆敷设，以 4.8/5m 为一蛇形节距，每 4.8/5m 设置一个非固定夹具，每 20m 设置一个固定夹具，每 100m 为蛇形的起始和终止两端都需设置四个三芯固定夹具，安装于两支架间的钢板上，若布置固定夹具位置和电缆接头位置缺少支架，则应补充安装，工程量以实际施工为准。

现场以 6 个蛇形波幅为 1 组，按照设计图纸波幅尺寸，蛇形波幅工具顶推到位，更换波幅定位工具定位，防止回弹，待 6 个波幅完成后，按顺序拆除定位工具，同步安装电缆固定夹具，复测蛇形波幅尺寸（2 人分别在蛇形固定点拉直线，蛇形波谷处人员再使用尺子测量数据，见图 5–8），合格后继续按上述工序往下施工。

8. 电缆外护层试验

电缆敷设完毕，要再次进行电缆外护层绝缘电阻试验、直流耐压实验，确保敷设过程中未出现电缆损伤。

5.4.3　500kV 电缆中间接头施工要点归纳

电缆附件是电缆线路的接续部件，主要是解决电缆端口位置电场畸变问题。由于电缆附件相对于电缆结构更为复杂，存在多处不同材料的交界面，

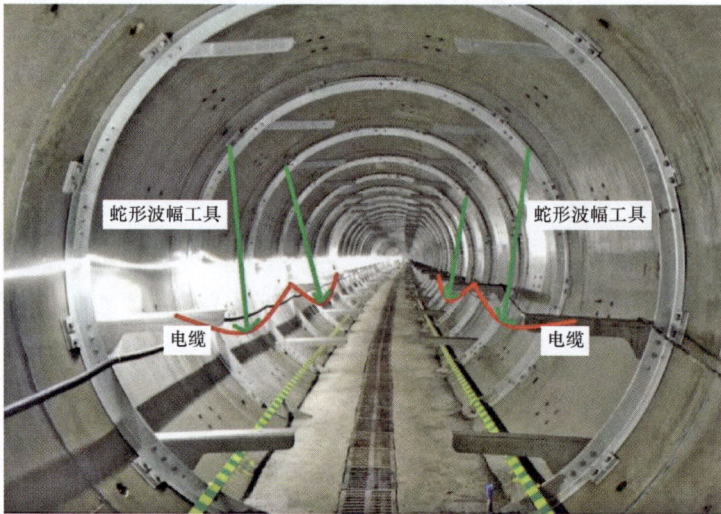

(a) 蛇形波幅施工示意图

(b) 蛇形波幅施工现场图

图 5-8 蛇形波幅施工

在实际运行过程中中间接头也是电缆系统的薄弱环节，超过一半的电缆本体故障都是由中间接头引起的，施工质量要求特别高。电缆中间接头模型见图 5-9。

在安装环境上，因为 500kV 电缆绝缘屏蔽处的场强从 8.15kV/mm 增加至 13.7kV/mm，增加了 68%，可容许界面异物尺寸要求更小。与 220kV 及以下电压等级的附件安装相比，除要求防雨防尘，对洁净度也有更高要求。环境洁净度必须达到万级（每立方英尺 0.5μm 级的颗粒数不大于 1 万个）。

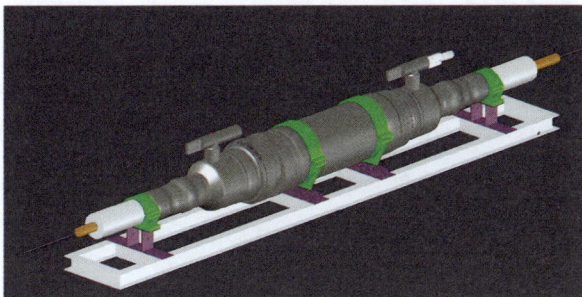

图 5-9 电缆中间接头模型

在电缆处理上，因为电场强度的增加附件安装前必须对电缆进行硫化处理。通过现场交联硫化的工艺使电缆绝缘表面更加光滑，半导电断口更加平顺，防止场强集中（硫化后电缆表面粗糙度要控制在 0.4μm 以下）。因电缆绝缘是微孔结构，套锥前必须要加硅油填充绝缘表面。

工程甲乙线中间接头均采用组合预制式。组合预制式接头能够使应力锥界面压力更加稳定，同时也避免了因应力锥材料老化导致抱紧力不足的问题。

5.4.4 500kV 电缆中间接头制作管控要点

1. 准备工作确认要点

（1）安装人员技能等级应符合电力公司管理要求，具备 500kV 电缆附件产品安装资格证书，持证上岗。厂家技术指导人员应符合电力公司管理要求，熟悉本安装说明等。

（2）作业之前，准备好必要的施工工具，需报审要报审。压接钳和模具必须与导体连接管和电缆绝缘边沿很好地匹配。

（3）接头制作之前需要确认部件数量及外观情况。尤其是应力锥的好坏。

（4）具体的安装尺寸需根据安装图纸来确认。

（5）接头环境必须保持无尘及合适的湿度之下。不允许在下雨（露天安装时）或高湿度、粉尘飞扬、腐蚀性气体环境下进行。接头制作的过程中需要在洁净室的环境中进行组装。

（6）接头过程中的任何环节都不能损伤电缆绝缘。不得损伤任何部件，尤其是应力锥，O 型圈/密封圈，环氧单元的表面和密封面。

2. 制作过程管控要点

（1）现场环境勘察。

1）确认接头相序及安装位置，确保隧道内空间足够接头及托架安装。

2）勘察接头支架安装位置电缆托架间距及开孔情况，根据现场情况设计接头托架。特别注意隧道内坡度对接头安装的影响。

（2）电缆矫直。清洁电缆表面，检查电缆无异常，用电缆矫直器尽可能地矫直电缆。校直过程中不得对电缆造成损害。电缆现场校直见图 5-10。

图 5-10　电缆现场校直

（3）电缆预切断。根据电缆弯曲情况，为确保金属护套剥离后电缆直线度，可以视情况保留金属护套内电缆长度，在调整直线度后再预切断。电缆预切断位置可适当调整，但预留长度不得低于 200mm。电缆切断后如果不能及时制作，需要用 PVC 防水袋，吸水纸将电缆端头做好防水防潮措施。电缆预切断示意图见图 5-11，电缆预切断现场图见图 5-12。

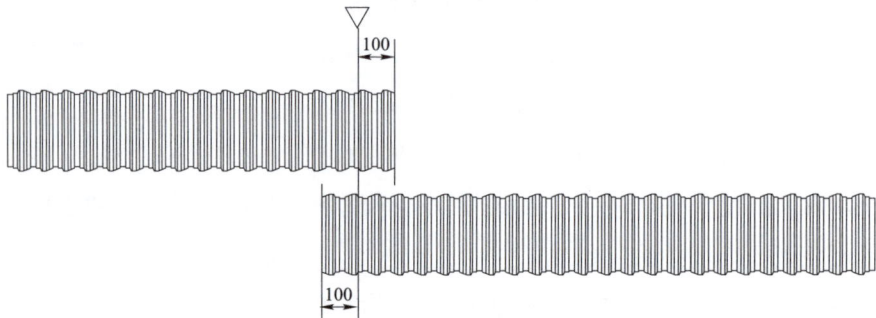

图 5-11　电缆预切断示意图

图 5-12　电缆预切断现场图

（4）电缆开线。电缆开线是先剥离位置到连接中心的尺寸，剥除电缆外护套，底铅处理，去除铝护套等一系列过程。

1）外护套剥离。此过程可使用液化气枪加热，使之软化，方便剥离。但使用液化气喷枪加热时，注意不要损伤电缆内部。在剥离外护套的过程中，注意勿损伤金属护套。禁止使用手锯切断外护套及金属护套。使用酒精和破布擦除铝护套外表面残余沥青，也可使用液化气枪加热，但注意不得因温度过高损坏电缆主绝缘。

2）预封铅，封铅温度实时监控。氧化层刮除干净的标志为表面失去光泽。预封铅操作过程见图 5-13。

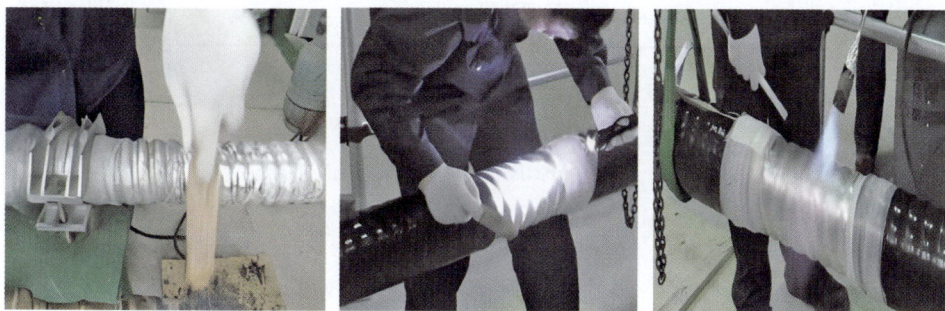

(a) 除去铝护套表面氧化层　　　(b) PVC 胶带绑扎外护套两端　　　(c) 铝护套表面加热

图 5-13　预封铅操作过程

预封铅时，铝护套上应采用温度监控装置温度测量位置距离底铅边缘100mm（外护套断口）。确保温度不得超过 120℃，达到温度应暂停工作，待降温约 70℃后再继续或用吹风机及时降温。预封铅前，先用 PVC 胶带绑扎外护套两端未剥离端，防止温度过高融化沥青层。底铅制作不允许采用油性抹布或硬脂酸冷却，避免出现夹渣分层。封铅建议采用戳铅法。

3）金属护套的剥离。金属护套断口两端分开，进行喇叭口处理，使用锉刀等工具对金属护套末端进行打磨，并用砂纸将喇叭口的尖端毛刺打磨平滑，防止损伤电缆。金属护套剥离见图 5-14。

图 5-14　金属护套剥离

考虑后续部件套装，喇叭口最大外径应不大于波峰外径。去除电缆缓冲层，保留 2 层（同向）阻水带。金属屏蔽布带铜丝抽出，反折至金属护套，并用镀锡软铜线绑扎。禁止使用手锯切断外护套及金属护套。金属屏蔽布带抽出不允许用火烧烤。

4）除去外护套外电极。使用保鲜膜对去除挤包外电极的电缆进行包覆保护。用玻璃时注意戴手套，防止割伤手。观察石墨层去除后颜色确认是否刮除干净。外护套外电极示意图见图 5-15。

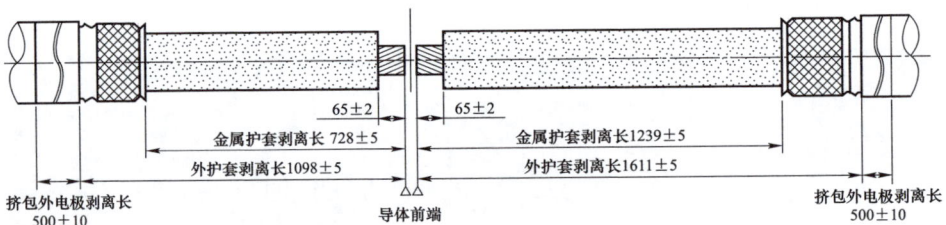

金属护套剥离长 728±5　　　65±2　　　65±2　　　金属护套剥离长 1239±5

外护套剥离长 1098±5　　　　　　　　　　　外护套剥离长 1611±5

挤包外电极剥离长
500±10

导体前端

挤包外电极剥离长
500±10

图 5-15　外护套外电极示意图

（5）电缆加热校直。确认导体上无损伤等。线芯断面应平齐，垂直于电缆的轴线方向。线芯表面使用钢刷或砂纸进行去氧化处理。在条件允许的情况下，对接头区域电缆采用折弯机进行校直，校直后去除折弯机，自然放置静置 1~2 天。观察电缆原弯曲方向，并测量弯曲度在电缆端部做好弯曲方向的标记，并对电缆进行反向弯曲，消除电缆内部应力。为防止热电偶出现故障，在邻近位置设置两只热电偶。电缆加温矫直示意图见图5-16。

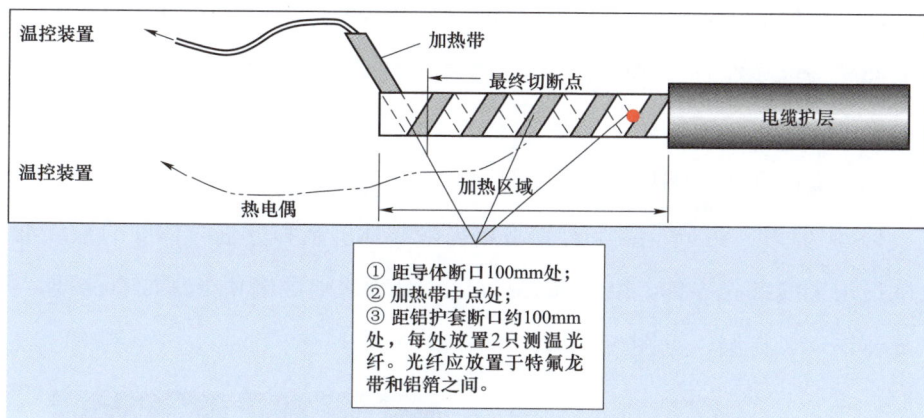

温控装置　　　　　　　　　　　加热带
　　　　　　　　　　　　　　最终切断点
　　　　　　　　　　　　　　　　　　　　电缆护层
温控装置
　　　热电偶　　　　　　　加热区域

① 距导体断口100mm处；
② 加热带中点处；
③ 距铝护套断口约100mm
处，每处放置2只测温光
纤。光纤应放置于特氟龙
带和铝箔之间。

图5-16　电缆加温矫直示意图

缠绕锡纸之前将阻水缓冲层缠绕变松。电缆绝缘和外护套分别采用独立的加热带。电缆加温矫直现场图见图5-17。

图5-17　电缆加温矫直现场图

严禁强制冷却。应安排值班人员，密切监控加热过程中电缆的伸长和弯曲情况。在加热期间，禁止移动电缆。电缆的矫直度不得低于1.5/600mm。温度上限必须控制在90℃以内，且温度计应定期校准。建议额外配备第三只测温仪以进行温度校验。工作结束后，应用柔软材料对电缆进行衬垫并包裹，外加防潮罩以防电缆受潮。随后，使用角铝将电缆固定，确保其保持直线。角铝固定后，至少应从两个点进行吊装，以确保电缆的直线度。加热的判定标准是导体线芯温度达到 60℃并持续至少 1h，若温度不足，可适当延长加热时间。热电偶的固定应使用胶带缠绕，但不得导致电缆变形。电缆露出导体的端部应与电缆保持一致的轴心，避免端部弯曲。当温度升至 90℃时开始计时，整个加热过程应持续 6～8h。

（6）剥削导体前端做铅笔头。

1）用剪刀、钳子、螺丝刀等工具去除导体屏蔽和分割导体间的皱纹纸，去除后用铜线绑扎导体，用 PVC 带包住。绝缘前端做倒角处理如有必要，去除导体铜丝氧化层，见图 5-18。

剥除导体屏蔽

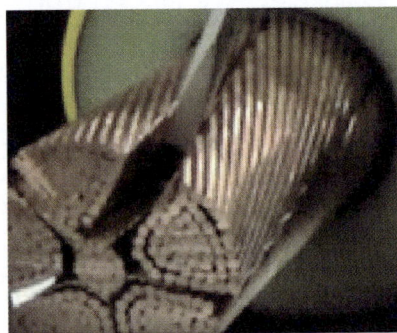

剥除导体间皱纹纸

捆扎导体

PVC带包住导体

图 5-18　剥削导体前端做铅笔头

2）剥切导体时不得损坏电缆导体屏蔽及导体。

（7）去除半导电、剥削主绝缘。

1）处理半导电斜坡时不能有台阶或段差。

2）每次剥切很小的绝缘层或半导电层，严禁一次性达到目标尺寸。

3）剥切过程中要经常使用卡尺测量绝缘直径，以免剥切过多。

4）主绝缘上横向的白色划痕必须全部刮掉。

5）半导电断口处波浪尺寸不得超过 10mm。

6）记录相邻两点绝缘直径不得超过 0.5mm。

7）保证绝缘屏蔽层无任何伤痕，表面光滑，出现划伤屏蔽的情况不可再使用电缆。

（8）镜面处理。

1）汉缆：

a. 使用无尘布＋无水乙醇清洁主绝缘表面后，用手电筒仔细检查主绝缘表面和斜坡位置的情况，无可见污渍、划痕、损伤（若发现电表面有脏污、破损等情况，应用玻璃修整）。

b. 用手电筒照射热缩管，仔细检查热缩管内表面无可见杂质、缺陷或损伤，用海绵、无尘布和酒精清洁热缩管内表面。

c. 三人配合，缓慢套入热缩管。

d. 使用热风枪从中间向两端加热热缩管。

e. 缠绕 6 层铝箔，无缝缠绕一层加热带，电热偶放置在半导电。断口位置，外层包绕 2 层保温用帆布带。加热温度：150 ± 5℃；加热时间：40 ± 5min。

f. 自然冷却至 80℃以下后，镜面处理完成。

热缩管内表面清洁见图 5－19。

2）鲁缆：

a. 使用玻璃对绝缘体外径进行处理。

b. 使用砂纸 240→400→600→1000 对电缆绝缘进行打磨处理（后一次打磨后保证无上一次砂纸打磨痕迹），然后使用清洁巾＋酒精，擦拭绝缘打磨部位。注意擦拭过电缆半导电部位的清洁巾，不能再用来擦拭电缆绝缘部位。打磨后的表面粗糙度需控制在 2μm 以内。主绝缘表面打磨处理见图 5－20。

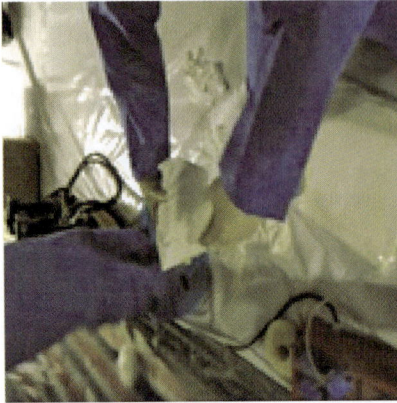

无尘布包裹海绵

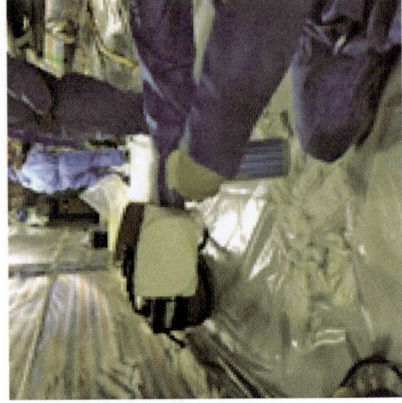

喷涂无水乙醇

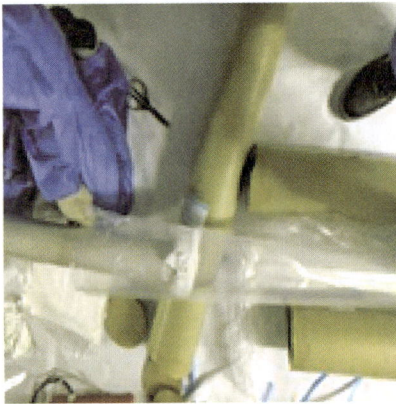

清洁热缩管内表面

收缩热缩管

图 5-19　热缩管内表面清洁

图 5-20　主绝缘表面打磨处理（一）

图 5-20　主绝缘表面打磨处理（二）

管控要点：

a. 确认打磨后的绝缘体表面状态，应无玻璃刮痕；异物、凸起、伤痕、凹陷等。

b. 检查斜坡部分的状态，外导端部光滑无凹陷、凸起等。处理完毕后用保鲜膜包裹电缆，防止以后的作业刮伤电缆。

c. 测量尺寸时注意游标卡尺的使用，不能损伤绝缘面。

d. 绝缘体精打磨时不可佩戴手套。

e. 采用钢板尺平行放置于绝缘表面，观察有无凹陷等异常情况。

f. 处理电缆绝缘，尽量控制在 1.5～2.0mm 范围内，上限控制在 2.0mm 左右，避免模塑外径膨胀超出 2.5mm 外径。

（9）搭设洁净棚。接头区域的环境温度、湿度、洁净度是影响接头质量的 3 个重要指标。在接头制作过程中如果有水分和小杂质附在电缆绝缘表面，对长期运行的电缆来说，容易引起水树和局部放电，从而引发电缆故障。由于现场条件比较差，现场温度、湿度、灰尘都不好控制，若施工工艺不良、圈防尘措施不到位、密封不好等原因，会使部分电缆接头处存在没有效清理的杂质和污垢，使接头制作质量不良、压接不紧、各绝缘套管中管与管之间有空气，从而导致电缆和相关附件界面接触不良，接触电阻过大，电缆长期运行或受高电压、大电流的冲击后，绝缘发生不同程度的老化，绝缘层在运行中被击穿而产生电弧，最终给电缆爆炸着火埋下隐患。因此要搭设洁净棚。

安装空调及空气净化器等设备，固定牢靠；采用塑料布搭建一次及二次洁净室，划分部件堆放区域及换衣区域等；进行空气净化，使用尘埃粒子计数器进行测量，保证达到万级净化环境要求（每立方米洁净室内 0.5μm 颗粒物不大于 350000 个）；搭建后固定良好，避免安装作业中发生脱落情况；搭建洁净室后打磨处理需要采用吸尘器进行清理再净化。洁净棚搭设见图 5-21。

图 5-21　洁净棚搭设

（10）电缆模塑处理。

1）保持施工环境干净整洁。

2）套入导体压接管，使用水平仪找出平行点，用直板尺和卷尺从压接管最近截面测量尺寸，清洁电缆绝缘部分，用特氟龙带做标记点，分别从 0°、90°、180°、270°四个方向校核标记带位置，确保标记尺寸在工艺要求范围内。

3）包绕者必须穿防尘服，戴乳胶手套。在包绕 PE 带前需要记录其生产番号。

4）在包绕 PE 带的同时，其他人使用无尘布包裹的海绵，喷涂酒精后清洁透明热缩管（使用三组海绵、无尘布），确保热缩管内表面无灰尘、损伤和缺陷。

5）从斜坡上临近斜坡起始位置开始，往前端方向缠绕，到前端位置时反向卷回，卷到后端位置时再次反向卷回，直至超过斜坡起始位置一些为止。缠绕约来回 3 次，共计 2 层多一些。

6）从半导电口开始 1/2 搭盖缠绕 PE 带（开始处剪出一圈斜边），为方便确认是否 1/2 搭盖，此步骤需要两名安装人员相对而立于电缆两侧，为保证硫化质量，绕包期间周围人不得随意走动。绕包结束用特氟龙带隔热，电吹风热熔 PE 带，注意使 PE 带不会开口。

7）去除卡位特氟龙带（标记带），清洁绝缘表面，在露出导体处放置海绵、无尘布，并喷涂酒精。套入热缩管操作由三人协同完成，一人用无尘布、酒精在前面清洁；一人推入热缩管；一人跟随配合。到 PE 带处要顺着包绕方向转动清洁表面，确保 PE 带不起边。

8）热缩管完全插入后移除多余海绵，两端用保鲜膜＋干燥剂密封，用手电筒仔细检查热缩管内部是否存在杂质、损伤和缺陷。此工序为关键工序，是保证质量的关键点。

9）使用电热枪均匀加热收缩热缩管，使空气排除干净，此步骤为关键步骤，不能出现任何差错。收缩完后，使用 4 层丝绸布条包裹保护 PE 带处，注意缠绕时带子要很松散，缠绕过的部分表面有褶皱，带子与电缆之间有空隙。

10）包裹 6 层铝箔，使电缆绝缘受热均匀，缠绕电加热带（不能太松也不能太紧），热电偶放置在重制半导电区域，缠绕 2 层布带，加热到 150℃开始计时，持续 60min。如果中途断电，要达到 150℃后重新计 1h。加热时不能移动/晃动电缆，待加热完成自然冷却到 80℃后可以检查硫化效果同时微调直电缆。

11）拆除铝箔、加热带、布带后做好防潮、防磕碰冷却至第二天，硫化工艺完成。

12）检查绝缘本体无开裂，无压痕，无起皱，无尖端。工作人员在洁净棚施工见图 5–22。

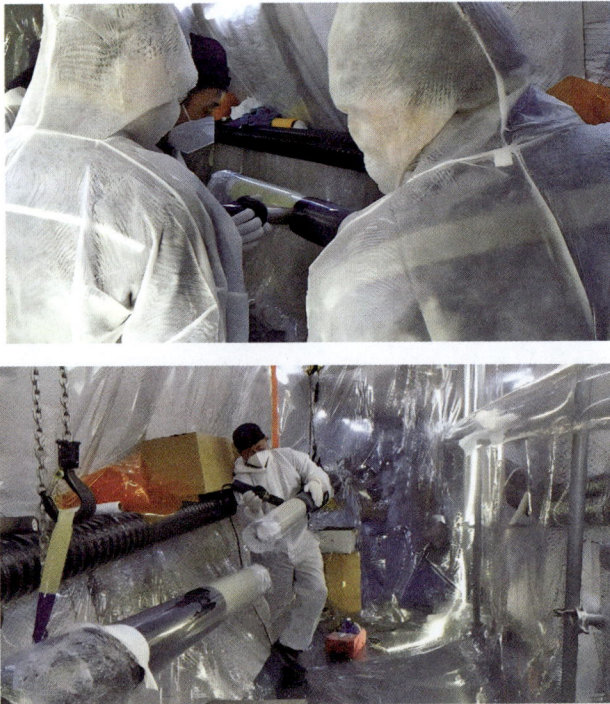

图 5–22　工作人员在洁净棚施工（一）

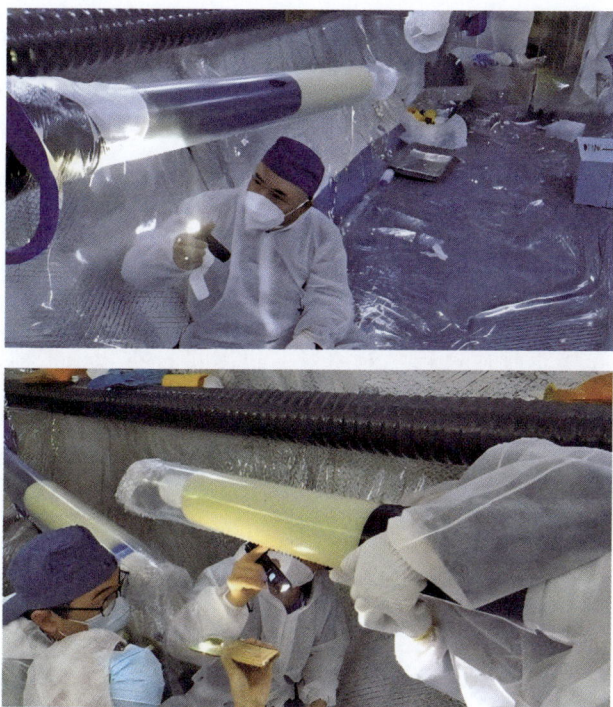

图 5-22　工作人员在洁净棚施工（二）

（11）部件组装（见图 5-23）。

1）根据安装规范，多人检查部件数量是否足够。

2）确认各部件干净无损伤。

图 5-23　部件组装

3）特别注意应力锥质量，外观，保证外观无损伤，质量合格方可使用。

4）应力锥托需要按照规范进行过压缩，给应力锥留下足够裕度。

5）液压钳规格符合，压接时压接紧密。

6）封铅紧密无脱落。

5.4.5 500kV 电缆中间接头制作管控方法

为保证中间接头制作过程中对质量、进度进行有效地把控，经项目成员商讨，做以下管控措施。

进度上，每天督促施工单位报送施工进度。实行半日报，全日报制度。每天详细了解进度情况。遇到滞后或者严重滞后情况，召集施工单位开会了解情况，做出解决方案，保证工程顺利进行。进度管控表见表 5-2。

表 5-2　　　　　　　　　　　进 度 管 控 表

进度警示：● 滞后严重；● 进度滞后；● 进度正常						
序号	接头编号	计划安装时间	累计进度	今日进度	进度警示	备注
1	楚庭 GIS					
2	J1					
3	J2					
4	J3					
5	J4					
6	J5					
...	...					
31	广南终端					

5.4.6 接地箱安装

工程甲乙线直接接地箱各 9 组，终端接地箱各 2 组，交叉互联箱各 20 组。接地箱情况图见图 5-24。

（1）接地箱安装时，接地箱支架高度不得超过第三排电缆支架，影响后续第三排支架的电缆敷设。

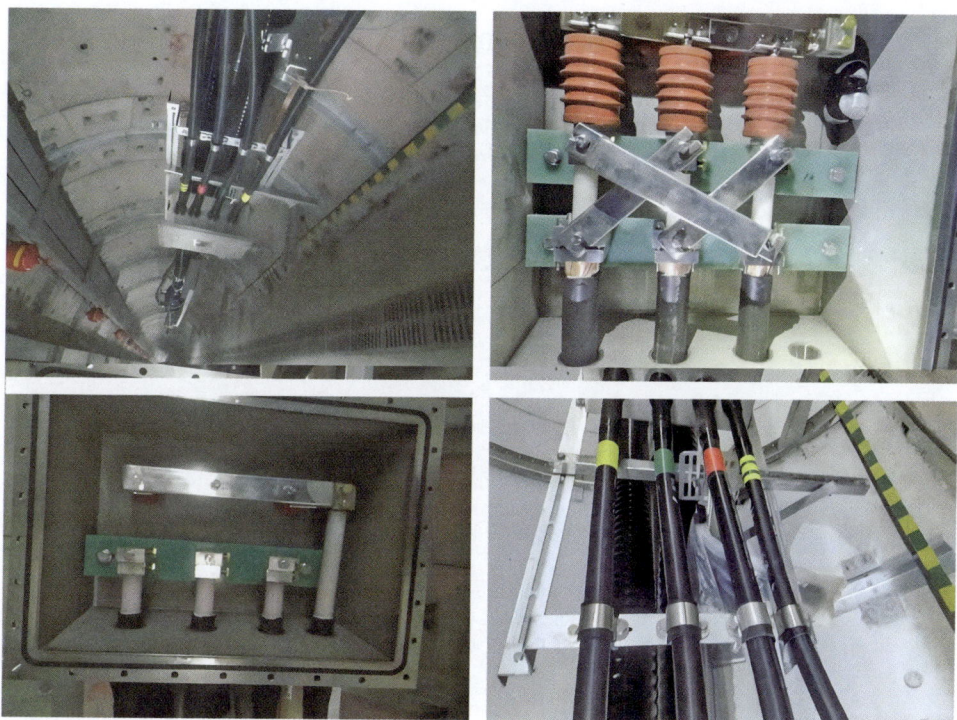

图 5-24　接地箱情况图

（2）注意接地箱位置，不得太靠近通道影响运维。

（3）接地线固定牢固，不得对接地箱有拉扯力。

5.4.7　电缆试验管控要点

1. 试验概况

500kV 楚庭—广南输变电工程长度 19.648km，工程电缆交接试验是目前国内距离最长、容量最大的 500kV 陆地电缆 $1.7U_0$ 耐压试验（同步局部放电测试），将全面考核电缆全线敷设及附件安装质量，为投运送电后可靠运行提供有力支撑。

2. 试验特点

实验设备采用国内首套自主研发、自主可控的全国产化大容量 500kV 陆地电缆耐压实验成套系统。创新大功率方波变频电源的设计以及制造工艺，研制了主从联控与远程控制的单台 1200kW 变频电源。攻克高品质因数 Q 值高压电抗器的绝缘、散热、应力设计等制造难题，采用辐射型铁芯饼、交叉换位导线等电磁技术，研制了单台 260kV/68A，品质因数 Q 大于 150 的绝缘筒式电抗器，极大降低试验电源容量需求，降低设备体积和损耗。500kV 长距离陆地电缆系统耐压与分布式局部放电测量装置及试验能力达到国际领先水平。

工程技术方案复杂、实施难度大。通过对类似电缆竣工试验调研，总结潮湿天气接线绝缘裕度不足、电缆终端耐压措施不到位、局部放电设备同步丢失等可能发生问题，制定了工程技术方案 2 份，电源、变频电源、励磁变压器、电抗器、局放测试装置、设备吊装、运输等专项方案和应急预案 11 份，邀请行业头部专家、南方电网千人专家开展工程技术方案评审。

采用自愈环网型通信光纤方式实现全线 174 个中间接头、6 个 GIS 终端及 6 个户外终端全部测点同步局部放电检测。采用多传感联合局部放电检测技术解决耐压时复杂背景干扰下精准判断。

广南扩建场地狭窄，设备体积大布置难。对电抗器采用品字形布置，确定耐压设备具体位置，结合土建提前完成试验场地硬化，满足 12 台 20t 电抗器对基础的承载力要求。

正因本实验的少见性，以及复杂困难性，所以需要对实验现场、试验过程进行严格的管控。

3. 电缆交接试验管控要点

（1）试验前准备工作。做好试验准备跟踪工作，每日做好记录，督促试验单位进度，保证试验按时进行，见图 5-25。管控如下：

1）天气若潮湿、下雨，需要用暂缓试验，用篷布将试验设备遮盖，并绑扎好，防止风吹飞到带电区域。

2）试验导线连接需要用到吊车，吊车要有效接地，支腿要稳固，吊臂要与带电区域保持安全距离。

3）布置摄像头，待试验期间，监测每一个电缆接头。

图 5-25　试验准备工作

4）短接所有接地箱，拆下保护器，防止耐压试验时受到损害。

5）确定试验线路，布置局方测试线，TA 感应器挂在试验相应相，并拍照记录。

6）时刻注意天气状况确定试验窗口。

7）试验正式开始前，做好试验场地围蔽工作，无关人员禁止入内；反复确认各标段隧道内无人员滞留，确认后锁上所有隧道入口，安排人值守。

（2）电缆交接试验。试验电压从 $0.5U_0$ 开始，逐步升至 $1.7U_0$，每个升压段持续 5min，直至升至 $1.7U_0$ 持续 1h。升压期间，注意观察局部放电信息端变化。试验后及时恢复接地箱至可进行外护套试验状态，再次对电缆外护套进行绝缘电阻试验，直流耐压试验。确保试验后电缆无问题。

（3）同步局部放电检测。在电力工程领域，局部放电现象的检测与分析对于确保电缆系统的可靠性与安全性至关重要。500kV 楚庭—广南输变电工程同步局部放电检测试验方案遵循以下规范：

1）技术规范性。方案严格遵循国家和行业标准，如 GB 50150—2016 等，确保了试验方法的科学性、准确性和可重复性。这些标准为试验提供了权威性的技术依据，确保了试验结果的法律效力和工程应用的普遍性。

2）系统性检测。采用的分布式局部放电检测系统能够实现对电缆全线的同步数据采集与分析，通过多点布局的传感器阵列，全面捕捉局部放电事件，提高了检测的系统性和综合性。

3）实时性与动态性。在电缆耐压试验的同时进行局部放电测量，通过实时数据监控和动态分析，能够及时发现绝缘缺陷的初期迹象，为早期诊断和预防性维护提供了可能。

4）高精度定位。结合信号传输延时的测量和先进的数据处理算法，实现了对放电源的精确定位。这一技术的应用显著提高了故障诊断的准确性，为快速响应和修复提供了关键信息。

5）数据分析能力。系统具备强大的数据处理和分析能力，能够生成多种局部放电图谱，如 PRPD、PRPS、N-Q 图等，这些图谱为深入理解电缆绝缘状态提供了丰富的视觉和数据支持。

6）风险评估与预案制定。文档中提出了详尽的风险监控措施和应急预案，涵盖了从危险源分析到应急救援的全过程，确保了试验过程中能够及时响应各种突发情况，最大限度地减少损失。

7）安全与防疫措施。结合现场安全规程和当前防疫要求，制定了严格的安全措施和防疫防控措施，确保了试验人员的健康与安全，同时保障了工程进度的顺利进行。

8）质量控制。通过施工组织机构设置、施工综合进度计划、技术交底等环节，确保了试验的每个环节都达到预定的质量标准，体现了工程管理的严谨性和质量控制的重要性。

9）环境适应性。考虑环境因素对试验可能产生的影响，如气候条件、空气湿度等，并制定了相应的应对措施，确保了试验的顺利进行和结果的准确性。

10）信息记录与反馈。通过记录试验数据和结果，建立完整的信息反馈机制，不仅为后续的工程改进和技术创新提供了数据支持，也为学术研究和技术交流提供了实证基础。

（4）交流耐压试验方案。500kV 楚庭—广南输变电工程电缆同步局部放电检测试验是一项全面且系统的工程，其流程从工程概述到试验实施步骤均经过精心规划。详细设计和审核了电缆工程的关键参数，包括采用的单芯交联聚乙烯绝缘电缆、总长度、隧道敷设方式，以及电缆接头的详细布局，确保了对工程规模和复杂性有充分的理解。

在试验依据方面，确立了以国家标准和规范为指导的理论基础，明确了试验对象和方案需遵循的具体技术要求，强化了试验的标准化和权威性。试验前的准备工作经过详尽规划，涵盖了施工组织、材料准备、场地准备、技术交底等，确保了试验条件的完备性和试验环境的可控性。

试验方法规划过程中对安全及技术交底、安全措施检查、设备接线正确性等方面进行了严格规定，以降低风险并确保人员安全。严格把控同步分布式局部放电检测技术设备的配置、测试点的科学选择、检测系统的合理布置、信号获取方式等关键技术环节，确保检测过程的精确性和数据的准确性。

系统功能包括远程测量与控制、独立测量、电压同步等先进技术，展现了检测技术的先进性和操作的高效性。试验过程中对局部放电的监测、数据记录与回放、局部放电源定位等进行了周密安排，确保了对电缆绝缘状态的全面评估。

交流耐压试验方案的设计能够体现对高压电缆局部放电检测试验的全面规划和严格控制，确保了试验的安全性、有效性和准确性，为电力电缆的长期稳定运行提供坚实的技术支撑。通过细致入微的管理和技术应用，为高压电缆的绝缘性能评估和故障预防提供可靠的科学依据。

5.4.8　管理评价

电缆敷设工程电气部分质量管理具有系统性、全面性、预防与应急处理并重、精细化管理以及注重跨部门协调等特点，为施工质量的提升和工程安全提供了坚实的保障。

1. 系统性和全面性

从电缆选型、敷设路径规划到施工操作规范，每一个环节都有相应的管理要点和措施，确保了整个施工过程都有明确的指导。这种系统性的管理不仅避免了单一环节出错导致的整体问题，还使得每个步骤都相互衔接、协调一致，从而提高了整体工程的质量和效率。

2. 预防与应急处理并重

在预防方面，通过严格的施工规范、定期的检查和维护，以及施工人员的专业培训，旨在从源头上减少故障的发生。而在应急处理方面，一旦出现故障，能够迅速响应并采取相应的措施，将故障对整体工程的影响降到最低。这种双重保障确保了电缆敷设工程的稳定性和可靠性。

3. 精细化管理

通过对施工过程中的每一个细节进行把控，从材料的选择、工具的使用到施工方法的优化，都力求做到精益求精。这种精细化管理不仅提高了施工效率，也确保了电缆敷设工程的质量达到最高水平。

4. 注重与相关部门的沟通和协调

通过加强与设计、采购、监理等部门的沟通，能够及时发现并解决问题，确保施工过程的顺利进行。同时，这种跨部门的协调也提高了整体工程的管理效率，使得电缆敷设工程能够更好地满足电力系统的需求。

5. 创新实践

（1）高压电缆智能敷设系统创新应用。广州供电局自主研发的高压电缆智能敷设系统在 500kV 楚庭—广南电缆线路工程完成实施应用。该装置采用新型多传感分控方式，对关键参数指标（电流、压紧力、拉力）进行集中控制，通过构建智能敷设平台，实现电动展放装置、智能输送机、电动滑轮、牵引机同步输送，故障状态自动预警，提高了电缆敷设施工过程中设备和人员的安全水平，从根本上解决了传统敷设方式过程中电缆出现异常受损的问题。智能电缆展放系统布置示意图见图 5-26。

（2）高压电缆工程三维激光非接触式测量技术。由广州供电局自主研发的高压电缆反应力锥三维尺寸激光测量设备在 500kV 楚庭—广南输变电工程完成实施应用。该设备通过采用三维扫描技术实现了电缆附件的非接触式检测，从根本上改变了电缆表面光滑度测量评价方法，保证了测量的客观、准确、高效、可视化、可追溯以及评价标准的一致性，对电缆附件制作标准的统一和工艺改善有着极其重要的现实意义。

（3）同步局部放电检测技术与安全应用。500kV 楚庭—广南输变电工程电缆同步局部放电检测试验方案主要包括同步局部放电检测技术的应用、分布式局部放电检测系统、多通道独立测量与同步功能、局部放电源定位技术、光电隔离与锂电池供电功能，以及优化的抗干扰设计。此外，还包括了详尽的应急预案与安全措施，确保试验的安全性和可靠性。结合局部放电信号和干扰信号的典型图谱，以及现场局部放电试验结果简报的格式，不仅提升了高压电缆检测技术的先进性，也增强了试验流程的实用性和安全性。局部放电检测系统连接示意图见图 5-27。

（4）镜面处理工艺创新提升电缆接头性能。镜面处理的过程通过精细化清洁检查、精确的温度和时间控制、多级打磨以及对细节的严格管控，展现了创新的工艺流程。特别是使用无尘布和无水乙醇进行表面清洁、热缩管的均匀加热处理、严格控制打磨后表面粗糙度，以及自然冷却步骤，这些创新点共同提升了电缆接头的密封性和绝缘性能，确保了处理过程的质量和可靠性。

（5）应力监测机制优化电缆敷设质量控制。引入的电缆敷设过程中的应力监测机制，通过在敷设路径上每隔 50m 对 X、Y 轴侧压力的精确测量，实现了对电缆敷设动力学的实时监控。不仅确保了电缆敷设的均匀力学负荷，预防了材料疲劳或损伤，而且通过高频次数据采集，提供了动态的质量控制，优化了敷设策略。

（6）样本段反馈机制实现前瞻性风险评估。样板段建设方案在电缆敷设中是具备前瞻性的风险评估与过程控制，通过在实际施工前进行缩放模拟，实现对潜在施工难题的早期识别与解决。该方案通过精细化管理，不仅优化了施工流程，提高了敷设效率，而且通过实时数据监测和质量反馈，确保了敷设质量的高标准。该方案的环境适应性测试和成本评估机制，为项目的资源配置和预算管理提供了科学的决策支持，体现了在工程管理中对质量、成本和进度综合考量的创新思维。

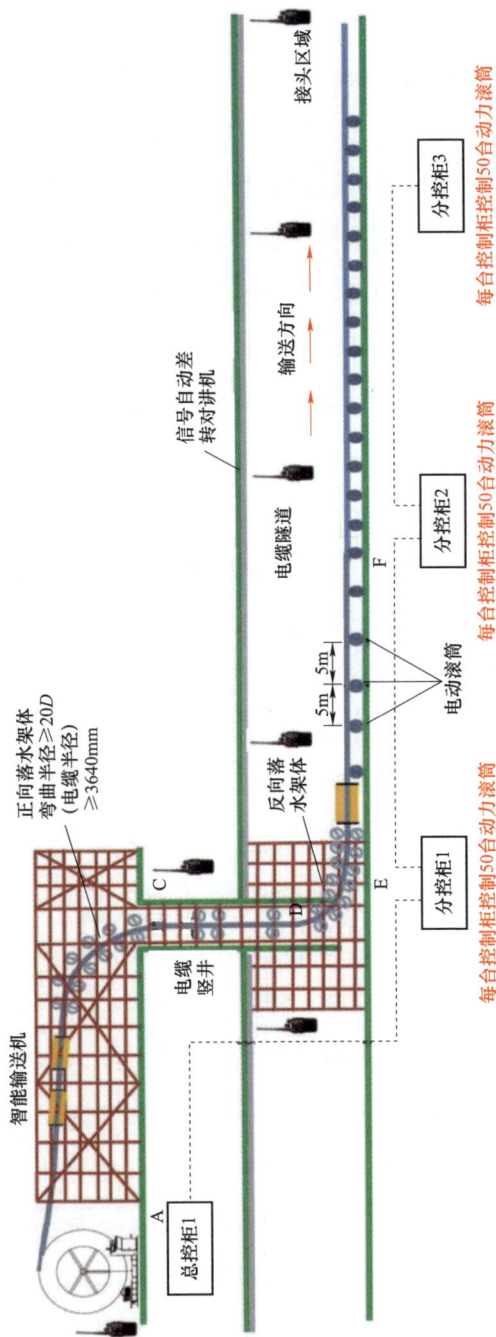

图 5-26 智能电缆敷放系统布置示意图

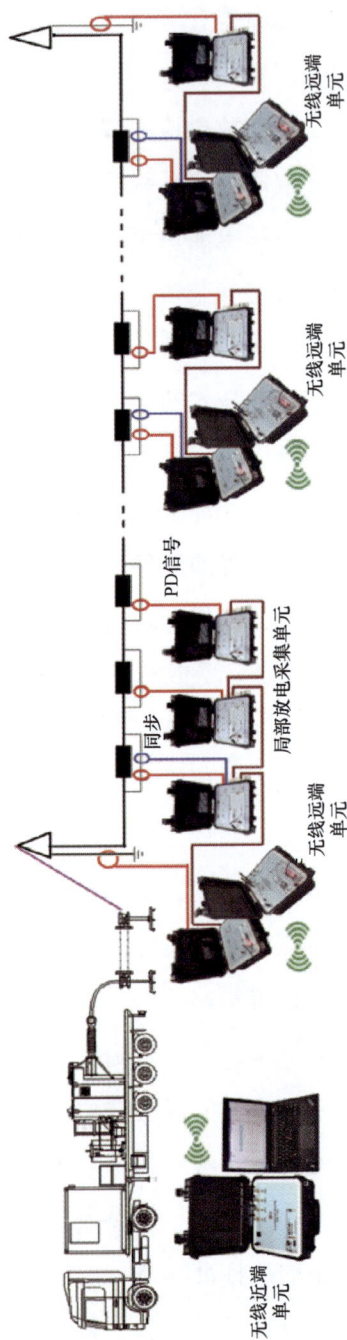

图 5-27 局部放电检测系统连接示意图

（7）牵引力跟踪方案动态监测与过程优化。牵引力跟踪方案在电缆敷设中综合应用实时数据监测、风险预防、过程优化和历史数据记录等策略，确保了敷设张力的精确控制。方案通过实时记录牵引力并分析其与敷设长度的关系，优化了施工方法，同时考虑了环境因素对敷设的影响，为电缆敷设工程提供了一个高效、安全、可靠的管理工具。

（8）攻克了 500kV 超高压长距离大截面交联电缆精细化制造与现场数字化安装关键技术。自主设计了分割导体、三层共挤绝缘线芯、热熔胶喷涂工艺等，绝缘偏心率提升至 4%，绝缘突起小于 0.02mm，提出了电缆本体与附件的多层级现场数字化安装工艺，实现了超高压电缆的精细化制造及现场高水平安装。

第6章 "四全"暨"可追溯"验收质量管理机制

　　"四全管理"涵盖了全面质量、全过程、全员参与以及全面综合运用各种现代管理方法。"可追溯"管理机制，利用激光点云雷达等数字化测绘装备，对隧道土建建设、隧道附属设施安装、电缆敷设等各阶段进行激光点云测绘建模。"四全"暨"可追溯"验收质量管理机制继承了四全管理的核心理念，构建了电缆线路工程验收的制度框架，确保了验收流程的标准化、系统化和可追溯。该机制明确了构筑物种类、土建工程验收流程和电缆隧道验收标准，保障了构筑物的稳固与安全；确定了电缆线路敷设、电缆接头与终端、附属设备以及调试等关键步骤的验收标准。在常规验收流程外，增加"四不两直"方式的现场施工质量抽查，建立工程验收问题闭环快速响应机制，确保工程高质量完成。利用不同阶段激光点云模型数据，做到全过程各环节施工数据可追溯查验。确保前序环节工程缺陷不被遮盖，工程量、设施尺寸型号有精确数据可查。此外，将隧道激光点云模型数据中的三维空间坐标作为重要数字化台账核验。利用倾斜摄影技术绘制地面环境，根据已有空间坐标将隧道位置投射到路面，形成实景沿布图。工程竣工技术资料的管理同样关键，涉及电缆线路竣工资料的分类、验收资料的验收与归档流程，以及专业验收团队的组建，确保了工程资料的完整性和准确性。

随着能源结构的转型和电力需求的增长，500kV 电缆线路在电力输送中扮演着日益重要的角色，其质量管理的重要性不言而喻。"四全"暨"可追溯"验收质量管理机制确保了工程从规划、设计、施工到维护的每个环节都达到最高质量标准。本文将重点分析 500kV 电缆线路验收阶段的质量管理，包括管理目标、理念、实践以及诊断和评价等方面。

通过诊断与评价 500kV 电缆线路验收质量管理，可以全面掌握验收阶段的质量管理水平，识别存在的问题和不足，并提出相应的改进措施。未来，还需不断探索新的质量管理方法和技术，以提升验收阶段的质量管理水平，确保 500kV 电缆线路的安全稳定运行，为我国电力事业的发展贡献更大的力量。

6.1 管 理 理 念

高压电缆工程建设具有专业性、多样性、实施程序繁多、生产周期长、社会合作关系较复杂和涉及面较广等特点，高压电缆工程项目建设的质量管理比一般的质量管控更加复杂。

验收质量管理理念是指在 500kV 电缆线路全生命周期内，将"质量第一"的管理思想贯穿于整个验收过程，秉承科学性、系统性和预防为主的原则，通过数字化技术、实时监控系统对电缆工程进行全过程精细化验收管理，确保工程在验收阶段达到预定的质量标准和要求，助力工程项目未来的可持续发展。这一理念强调对电缆工程进行全面、系统、精细化的质量管理，以确保工程质量的稳定性和可靠性。

"科学性"要求验收工作应遵循科学的方法和标准，确保评估结果的客观性和准确性。工程验收通过对工程项目的工程质量进行检查，验证工程是否符合相关标准和技术规范。只有经过工程验收并且合格的项目，才能确保其质量达到预期要求，提高工程项目的可靠性和安全性。

"规范性"要求验收过程应遵循国家和行业的相关法规、标准和规范，保证工作的合规性。工程验收可以通过对工程项目的技术执行情况进行检查，验证工程是否按照约定的技术规范进行施工。对于存在问题的技术规范，可以及时发现并进行整改，避免工程质量存在隐患，保障工程的可持续发展。

"系统性"要求验收质量管理应涵盖所有相关的工程要素，包括但不限于材料、设备、工艺、环境等。工程验收可以根据合同约定和相关规范，对工程项目所涉及的设计、施工、材料等进行全面确认。通过工程验收，可以明确工程项目的实际成果和效果，确定项目完成情况，为后续的维护和管理提供参考依据。

"预防为主"要求在工程验收管理中，强调以预防质量问题为核心，通过有效的策划、控制、监督和反馈机制，确保工程质量的稳定和提升。这种思想和理念要求从设计、施工到验收的各个环节，都充分考虑到可能出现的质量问题，并提前采取措施进行防范。

6.2 管 理 目 标

当前电缆应用趋于广泛，高压电缆作为电力工程中传送电能的重要部分，其质量的好坏直接影响到电力系统的正常运行和电力设备的安全运行。

创建全生命周期的高压电缆项目验收管理模式，旨在严格管控工程质量、优化工程总体成本、设备安全稳定运行、提高工作人员综合能力，实现有效监控项目全过程、确保验收的最终成效。

1. 工程质量管控

随着质量管理理论的不断发展和完善，发达国家已从单一的质量管理，逐步转向全过程质量管理；从外部检查，逐步转向企业内外部的全方位质量保证。同时，在项目全过程重要节点设定检查里程碑，以使项目全过程得到有效监控。由于高压电缆项目管理隐蔽性工程较多，因此更需要从工程项目的全过程开展验收检查、质量点控制等多种质量管控手段，确保工程质量。

2. 工程总体成本最优

工程验收是电缆工程的最后一步,在验收过程中容易产生的问题:① 对在验收时发现的各类问题进行调整或更改,会对工期、成本等造成影响;② 由于电缆工程的隐蔽性,最终验收很难实现对所有工程内容的验收;③ 各类电缆项目验收时会出现多发性问题,需要在前期进行规范。因此,从提高质量、降低成本的角度,实现电缆项目的总体最优化,有必要从项目全生命周期角度考虑验收问题。

3. 设备安全稳定运行

在电缆建设中,电缆通道大部分在地下,接入点较多,施工时受干扰因素也较多,电缆故障多为隐蔽性且排除困难。因此,严格电缆施工环节,建立完善的验收规范,对提高电缆施工的技术水平,保障相关工程的施工质量,进而确保电缆线路安全运行具有重要意义。

4. 工作人员的综合能力

(1)电缆项目每个施工环节涉及多个利益单位,需要对验收控制点的职责进行明确,扩大职责范围,保证每个验收控制点都有专业人员进行管理,对项目涉及利益方开展验收控制管理工作。

(2)验收控制点工作人员综合素养和能力会直接影响工程质量的把控和验收进度的效率,保证工作人员对每个验收控制点的工作流程、标准和要求、内容等多个方面进行全面了解和掌握,对提升验收控制管理工作开展的质量和效率,保证电缆项目安全是十分有意义的。

6.3 管 理 实 践

本节介绍对于 500kV 电缆线路工程验收的路径实施、管理支撑及参考案例。通过要点讲解和方法介绍,熟悉电缆线路工程验收方法。掌握高压电缆线路工程的验收制度、验收项目及验收方法。

6.3.1 实施路径

1. 电缆线路工程验收

（1）验收制度。在电缆工程验收前，需要制定详细的验收计划与标准，明确验收的项目、方法、程序和标准。这些计划和标准应该根据电缆工程的特点、设计要求和相关法规进行制定，确保验收的准确性和公正性。

电缆线路工程属于隐蔽工程，因此，对电缆线路工程进行验收必须贯穿于施工全过程中。为了保证电缆线路工程质量，运行部门必须严格按照验收标准对新建电缆线路进行全过程监控和投运前竣工验收。

1）验收的阶段。电缆线路工程验收分自验收、预验收、过程验收、竣工验收四个阶段，每个阶段都必须填写验收记录单，并做好整改记录。

a. 自验收。电缆线路工程完工后，首先由施工单位自行组织对工程整体情况进行自验收，并填写验收记录单。施工单位和监理单位共同参与进行自验收，初步查找工程中的不合理因素，并进行整改。自验收整改结束后，向本单位质量管理部门提交工程预验收申请。

b. 预验收。施工单位的质量管理部门收到本单位施工部门的预验收申请后，组织本部门、施工部门及监理单位对工程整体情况进行预验收，并填写预验收记录单。预验收整改结束后，施工单位填写工程竣工报告，并向上级工程质量监督站提交工程竣工验收申请。

c. 过程验收。电缆线路工程施工过程中，需要对土建项目、电缆敷设、电缆附件安装等隐蔽工程进行的中间验收。施工单位的质量管理部门、监理单位和运行单位等参加中间过程验收，严格按照施工工艺和验收标准对施工过程中的关键工艺逐项进行验收，填写工程验收单并签字确认。施工单位的质量管理部门和运行单位对工程施工过程中的质量情况进行抽检，监理单位对工程施工过程中的质量情况全程检查。

在过程验收中，利用激光点云雷达对隧道土建部分、支架等附属设施、敷设后电缆开展测绘建模工作。利用点云模型数据，对隧道裂缝、隧道内径尺寸，隧道经纬度坐标、高程坐标与设计图纸对比，全量进行分析复核。重点查验隧道变形量、沉降量。对电缆点云模型进行蛇形敷设分析、支架胶垫缺失分析、弯曲半径分析。将各阶段激光点云数据入档，作为重要的设备数字化资产移交给运维单位。

d. 竣工验收。由施工单位的上级工程质量监督站组织进行，竣工验收由建设单位、监理单位、施工单位、设计单位和运行单位等多方共同参与，并填写工程竣工验收签证书，对工程质量予以等级评定。竣工验收时，各参与验收单位提出验收意见，在验收中个别不完善项目必须限期整改，由施工单位质量管理部门负责复验并做好整改记录。工程竣工验收完成后 1 个月内，施工单位必须将工程资料整理齐全，向运行单位进行工程资料移交，运行单位对移交的资料进行验收。

2）验收的记录。电缆线路工程按照自验收、预验收、过程验收和工验收四个阶段进行验收，每个阶段验收完成后必须填写阶段验收记录和整改记录，并签字认可、归档保存。竣工验收完成后，建设单位、监理单位、施工单位、设计单位和运行单位必须在竣工验收鉴定书上签字盖章，工程才算最终完成。

（2）验收方法。

1）验收程序。施工部门在工程开工前应将施工设计书、工程进度计划交给质监站和运行部门，以便对工程进行过程验收。工程完工后，施工部门应书面通知质监、运行部门进行竣工验收。同时施工部门应在工程竣工后 1 个月内将有关技术资料、工艺文件、施工安装记录等一并移交运行部门整理归档。对资料不齐全的工程，运行部门可不予接收。

2）项目划分。电缆线路工程验收应按分部工程逐项进行。电缆线路工程可以分为电缆敷设、电缆接头、电缆终接地系统、信号系统、供油系统、调试七个分部工程（交联电缆线路无信号系统和供油系统）。每端个分部工程又可分为几个分项工程，电缆线路工程项目划分一览表见表 6-1。

表 6–1 电缆线路工程项目划分一览表

序号	分部工程	分项工程
1	电缆敷设	电缆通道（电缆沟槽开挖、排管、隧道建设）、电缆展放、电缆固定、孔洞封堵、回填掩埋、防火工程、分支箱安装等
2	电缆接头	直通接头、绝缘接头、塞止接头、过渡接头
3	电缆终端	户外终端、户内终端、GIS 终端、变压器终端
4	接地系统	终端接地、接头接地、护层交叉互联箱接地、分支箱接地、单芯电缆护层交叉互联系统
5	信号系统	信号屏、信号端子箱、控制电缆敷设和接头、自动排水泵
6	供油系统	压力箱、油管路、电触点压力表
7	调试	绝缘测试（含耐压试验和电阻测试）、参数测量、信号系统测试、油压整定、护层试验、接地电阻测试、油样试验、油阻试验、相位校核、交叉互联系统试验

3）验收报告的编写。验收报告的内容主要分工程概况说明、验收项目签证和验收综合评价三个方面。

a. 工程概况说明。内容包括工程名称、起讫地点、工程开竣工日期以及电缆型号、长度、敷设方式、接头型号、数量、接地方式、信号装置布置和工程设计、施工、监理、建设单位名称等。

b. 验收项目签证。验收部门在工程验收前应根据工程实际情况和施工验收规范，编制好项目验收检查表，作为验收评估的书面依据，并对照项目验收标准对施工项目逐项进行验收签证和评分。

c. 验收综合评价。验收部门应根据有关国家标准和企业标准制定验收标准，对照验收标准对工程质量作出综合评价，并对整个工程进行评分。成绩分为优、良、及格、不及格四种，所有验收项目均符合验收标准要求者为优；所有主要验收项目均符合验收标准，个别次要验收项目未达到验收标准，不影响设备正常运行者为良；个别主要验收项目不合格，不影响设备安全运行者为及格；多数主要验收项目不符合验收标准，将影响设备正常安全运行者为不及格。

（3）工程验收。电缆敷设工程属于隐蔽工程，验收应在施工过程中进行，并且要求抽样率大于 50%。

1）电缆敷设验收的内容和重点。电缆线路敷设验收的主要内容包括电缆通道（电缆沟槽开挖、排管、隧道建设）、电缆展放、电缆固定、孔洞封堵、回填掩埋、防火工程、分支箱安装等，其中电缆通道、电缆展放和电缆固定为关键验收项目，应重点加以关注。

2）电缆线路敷设验收的标准及技术规范。

a. 电力电缆敷设规程。

b. 工程设计书和施工图。

c. 工程施工大纲和敷设作业指导书。

d. 电缆沟槽、排管、隧道等土建设施的质量检验和评定标准。

e.《电力工程电缆设计规范》（GB 50217—2018）《电气装置安装工程电缆线路施工及验收规范》（GB 50168—2018）、《电力电缆线路运行规程》（DL/T 1253）等国家和行业标准，以及各个公司自行规定的技术标准。

3）电缆线路敷设验收内容。

a. 电缆沟槽、排管和隧道等土建设施验收内容包括：① 施工许可文件齐全；② 电缆路径符合设计书要求：③ 与地下管线距离符合设计要求；④ 开挖深度按通道环境及线路电压等级均应符合设计要求。

b. 电缆展放及固定验收内容包括：① 电缆牵引车位置、人员配置、电缆输送机安放位置均符合作业指导书和施工大纲要求；② 如使用网套牵引，其牵引力不能大于厂家提供的电缆护套所能承受的拉力；③ 如使用牵引头牵引，按导体截面计算牵引力，同时要满足电缆所能承受的侧压力；④ 施工时电缆弯曲半径符合作业指导书及施工大纲要求；⑤ 电缆终端、接头及在工井、竖井、隧道中必须固定牢固，蛇形敷设节距符合设计要求；⑥ 检查电缆的安装形式和固定方式应符合相关的标准规定。

c. 孔洞封堵验收。变电站电缆穿墙（或楼板）孔洞、工井排管口、开关柜底板孔等都要求用封堵材料密实封堵，符合设计要求。

d. 对电缆直埋、排管、竖井与电缆沟敷设施工的基本要求如下：① 摆放电缆盘的场地应坚实，防止电缆盘倾斜；② 电缆敷设前完成校潮、牵引端制作、取油样等工作；③ 充油电缆油压应大于 0.15MPa；④ 电缆盘制动装置可靠；⑤ 500kV 电缆外护层绝缘应符合规程规定；⑥ 敷设过程中电缆弯曲半径应符合设计要求；⑦ 电缆线路各种标志牌完整、字迹清晰，悬挂符合要求。

e. 对直埋、排管、竖井敷设方式的特殊要求如下：

（a）对直埋敷设的特殊要求是：① 滑轮设置合理、整齐；② 电缆沟底平整，电缆上下各铺 100mm 的软土或细砂；③ 电缆保护盖板应覆盖在电缆正上方。

（b）对排管敷设的特殊要求是：① 排管疏通工具应符合有关规定，并双向畅通；② 电缆在工井内固定应符合装置图要求，电缆在工井内排管口应有"伸缩弧"。

（c）对竖井敷设的特殊要求是：① 竖井内电缆保护装置应符合设计要求；② 竖井内电缆固定应符合装置图要求。

f. 支架安装验收内容包括：

（a）支架应排列整齐，横平直竖。

（b）电缆固定和保护：在隧道、工井、电缆夹层内的电缆都应安装在支架上，电缆在支架上应固定良好，无法用支架固定时，应每隔 1m 间距用吊索固定，固定在金属支架上的电缆应有绝缘衬垫。

（c）蛇形敷设应符合设计要求。

g. 电缆防火工程验收内容包括：

（a）电缆防火槽盒应符合设计要求，上下两部分安装平直，接口整齐，接缝紧密，盒内金具安装牢固，间距符合设计要求，端部应采用防火材料封堵，密封完好。

（b）电缆防火涂料厚度和长度应符合设计要求，涂刷应均匀，无漏刷。

（c）防火带应半搭盖绕包平整，无明显突起。

（d）电缆夹层内接头应加装防火保护盒，接头两侧 3m 内应绕包防火带。

（e）其他防火措施应符合设计书及装置图要求。

（4）电缆接头和终端工程验收。电缆接头及终端工程属于隐蔽工程，工程验收应在施工过程中进行。如采用抽样检查，抽样率应大于 50%。电缆接头有直通接头、绝缘接头、塞止接头、过渡接头等类型，电缆终端则有户外终端、户内终端、GIS 终端、变压器终端等类型。

1）电缆接头和终端验收。

a. 施工现场应做到环境清洁，有防尘、防雨措施，温度和湿度符合安装规范要求。

b. 电缆剥切、导体连接、绝缘及应力处理、密封防水保护层处理、相间和相对地距离应符合施工工艺、设计和运行规程要求。

c. 接头和终端铭牌、相色标志字迹清晰、安装规范。

d. 接头和终端应固定牢固，接头两侧及终端下方一定距离内保持平直，并做好接头的机械防护和阻燃防火措施。

e. 按设计要求做好电缆中间接头和终端的接地。

2）电缆终端接地箱验收。

a. 接地箱安装符合设计书及装置图要求。

b. 终端接地箱内电气安装符合设计要求，导体连接良好。护层保护器符合设计要求，完整无损伤。

c. 终端接地箱密封良好，接地线相色正确，标志清晰。

d. 接地箱箱体应采用不锈钢材料。

（5）电缆线路附属设备验收。电缆线路附属设备验收主要是指接地系统、信号系统、供油系统的验收。

1）接地系统验收。接地系统由终端接地、接头接地网、终端接地箱、护层交叉互联箱及分支箱接地网组成。接地系统主要验收以下项目：

a. 各接地点接地电阻符合设计要求。

b. 接地线与接地排连接良好，接线端子应采用压接方式。

c. 同轴电缆的截面应符合设计要求。

d. 护层交叉互联箱内接线正确，导体连接良好，相色标志正确清晰。

2）信号保护系统验收。在对信号保护系统验收中，信号与控制电缆的敷设安装可参照电力电缆敷设安装规范来验收。信号屏、信号箱安装，以及自动排水装置安装等工程验收可按照二次回路施工工程验收标准进行。信号保护系统主要验收以下项目：

a. 控制电缆每对线芯核对无误且有明显标记。

b. 信号回路模拟试验正确，符合设计要求。

c. 信号屏安装符合设计要求，电器元件齐全，连接牢固，标志清晰。

d. 信号箱安装牢固，箱门和箱体由多股软线连接，接地良好。

e. 自动排水装置符合设计要求。

f. 低压接线连接可靠，绝缘符合要求，端部标志清晰。

g. 接地电阻符合设计要求。

h. 铭牌清晰，名称符合命名原则。

3）供油系统验收。供油系统验收含压力箱、油管路和电触点压力表三个分项工程的验收。验收的主要内容包括：

a. 压力箱装置符合设计和装置图要求，表面无污迹和渗漏，各组压力箱有相位标识。压力箱支架采用热浸镀锌钢材。

b. 油管路及阀门。油管路采用塑包铜管，布置横平竖直，固定牢固，连接良好无渗漏。焊接点表面平整，管壁形变小于 15%。

c. 压力表和电触点压力表应有检验记录和标识，连接良好无渗漏。

（6）电缆线路调试。电缆线路调试由信号系统调试、油压整定、绝缘测试、电缆常数测试、护层试验、接地网测试油阻试验、油样试验，相位校核、交叉互联系统试验等项目组成，其中绝缘测试包括直流或交流耐压试验和绝缘电阻测试。各调试结果均应符合电缆线路竣工交接试验规程和工程设计书要求。

2. 电缆构筑物工程验收

（1）电缆线路构筑物的种类。电缆线路构筑物的主要种类及结构特点见表 6-2。

表 6-2 电缆线路构筑物的主要种类及结构特点

种类		主要适用场所	结构特点
电缆管道	电缆排管管道	道路慢车道	钢筋混凝土加衬管并建工作井
	电缆非开挖管道	穿越河道、重要交通干道、地下管线、高层建筑	可视化定向非开挖钻进,全线贯通后回扩孔,拉入设计要求的电缆管道,两端建工作井
电缆沟		工厂区、变电站内(或周围)、人行道	钢筋混凝土或砖砌,内有支架
桥梁(市政桥、电缆专用桥)		跨越河道、铁路	钢构架、钢筋混凝土箱型,内有支架
电缆桥架		工厂区、高层建筑	钢构架
电缆隧道		发电厂、变电站出线、重要交通干道、穿越河道	钢筋混凝土、钢管,内有支架
电缆竖井		落差较大的水电站、电缆隧道出口、高层建筑	钢筋混凝土、在大型建筑物内,内有支架

(2)电缆构筑物土建工程的验收。

1)土石方工程的验收。

a. 土石方工程竣工后,应检查验收下列资料:① 土石方竣工图;② 有关设计变更和补充设计的图纸或文件;③ 施工记录和有关试验报告;④ 隐蔽工程验收记录;⑤ 永久性控制桩和水准点的测量结果;⑥ 质量检查和验收记录。

b. 土石方工程验收除检查验收相关资料外,还应验收挖方、填方、基坑、管沟等工程是否超过设计允许偏差。

2)混凝土工程的验收。

a. 钢筋混凝土工程竣工后,应检查验收下列资料:① 原材料质量合格证件和试验报告;② 设计变更和钢材代用证件;③ 混凝土试块的试验报告及质量评定记录;④ 混凝土工程施工和养护记录;⑤ 钢筋及焊接接头的试验数据和报告;⑥ 装配式结构构件的合格证和制作、安装验收记录;⑦ 预应力筋的冷拉和张拉记录;⑧ 隐蔽工程验收记录;⑨ 冬期施工热工计算及施工记录;

⑩ 竣工图及其他文件。

b. 钢筋混凝土工程验收除检查验收相关资料外，还应进行外观抽查。

3）砖砌体工程的验收。

a. 砖砌体工程竣工后，应检查验收下列资料：① 材料的出厂合格证或试验检验资料；② 砂浆试块强度试验报告；③ 砖石工程质量检验评定记录；④ 技术复核记录；⑤ 冬期施工记录；⑥ 重大技术问题的处理或修改设计等的技术文件。

b. 施工中对下列项目应做隐蔽验收：① 基础砌体；② 沉降缝、伸缩缝和防震缝；③ 砖体中的配筋；④ 其他隐蔽项目。

（3）电缆排管和工井的验收电缆排管是一种使用比较广泛的土建设施，对排管和与之相配套的工井，应检查验收以下内容：

1）管道和工井的验收。

a. 排管孔径和孔数。电缆排管的孔径和孔数应符合设计要求。

b. 衬管材质的验收。排管用的衬管应物理和化学性能稳定，有一定机械强度，对电缆外护层无腐蚀，内壁光滑无毛刺，遇电弧不延燃。

c. 工井接地的验收。工井内的金属支架和预埋铁件要可靠接地，接地方式要与设计相符，且接地电阻满足设计要求。

d. 工井尺寸的验收。工井尺寸应符合设计要求，检查其是否有集水坑，是否满足电缆敷设时弯曲半径的要求，工井内应无杂物、无积水。

e. 工井间距的验收。由于电缆工井是引入电缆，放置牵引、输送设备和安装电缆接头的场所根据高压和中压电缆的允许牵引力和侧压力，考虑到敷设电缆和检修电缆制作接头的需要，两座电缆工井之间的间距应符合电缆牵引张力限制的间距，满足施工和运行要求。

2）土建验收。典型的电缆排管结构包括基础、衬管和外包钢筋混凝土。

a. 基础。排管基础通常为道渣垫层和素混凝土基础两层。

（a）道渣垫层：采用粒径为 30～80mm 的碎石或卵石，铺设厚度符合设计要求。垫层要夯实，其宽度要求比素混凝土基础宽一些。

（b）素混凝土基础：在道渣垫层上铺素混凝土基础，厚度满足设计要求。素混凝土基础应浇捣密实，及时排除基坑积水。对一般排管的素混凝土基础，原则上应一次浇完。如需分段浇捣，应采取预留接头钢筋、毛面、刷浆等措施。浇注完成后要做好养护。

b．排管。

（a）排管施工，原则上应先建工井，再建排管，并从一座工井向另一座工井顺序铺设管材。排管间距要保持一致，应用特制的 U 形定位垫块将排管固定。垫块不得放在管子接头处，上下左右要错开安装要符合设计要求。

（b）排管的平面位置应尽可能保持平直。每节排管转角要满足产品使用说明书的要求，但相邻排管只能向一个方向转弯，不允许有 S 形转弯。

c．外包钢筋混凝土。排管四周按设计图要求，以钢筋增强，外包混凝土。应使用小型手提式振器将混凝土浇捣密实。外包混凝土分段施工时，应留下阶梯形施工缝，每一施工段的长度应不少于 50m。

d．排管与工井的连接。

（a）在工井墙壁预留与排管断面相吻合的方孔，在方孔的上下口预留与排管相同规格的钢筋作为插铁。排管接入工井预留孔处，将排管上、下钢筋与工井预留插铁绑扎。

（b）在浇捣排管外包混凝土之前，应将工井留孔的混凝土接触面凿毛（糙），并用水泥浆冲洗。在排管与工井接口处应设置变形缝。

e．排管疏通检查。为了确保敷设时电缆护套不被损伤，在排管建好后，应对各孔管道进行疏通检查。管道内不得有因漏浆形成的水泥结块及其他残留物，衬管接头处应光滑，不得有尖突。疏通检查方式是用疏通器来回牵拉，应双向畅通。疏通器规格见表 6-3。

表 6-3	疏 通 器 规 格		（mm）
排管内径	150	175	200
疏通器外径	127	159	180
疏通器长度	600	700	800

在疏通检查中，如发现排管内有可能损伤电缆护套的异物，必须清除。清除方法是用钢丝刷、铁链和疏通器来回牵拉，必要时用管道内窥镜探测检查。只有当管道内异物排除，整条管道双向畅通后，才能敷设电缆。

3）防火措施。

a. 选用裸铠装或聚氯乙烯阻燃外护套电缆，不得选用纤维外被层的电缆。

b. 电缆接头以置于防火槽盒中为宜，或者用防火包带包绕两层。

c. 高压电缆应置于防火槽盒内，或敷设于沟底，并用沙子覆盖。

d. 防范可燃性气体渗入。

（4）电缆隧道的验收。电缆隧道的验收除需按照土建要求进行验收外，还需对其附属设施进行验收。其检查验收内容如下：

1）照明。从两端引入低压照明电源，并间隔布置灯具，设双向控制开关。灯具应选用防潮、防爆型。

2）通风。隧道通风有自然通风和强制排风两种方式。市区道路上的电缆隧道，可在有条件的绿化地带建进、出风竖井，利用进、出风竖井高度差形成的气压，使空气自然流通。强制排风需安装送风机，根据隧道容积和通风要求进行通风计算，以确定送风机功率和自动开机与关机的时间。采用强制排风前以提高电缆载流量。

3）排水。整条隧道应有排水沟道，且必须有自动排水装置。隧道中如有渗漏水，将集中到两端集水坑中当达到一定水位时，自动排水装置启动，用排水泵将水排至城市下水道。

4）消防设施。为了确保电缆安全，电缆隧道中必须有可靠的消防措施。

a. 隧道中不得采用有纤维绕包外层的电缆，应选用具有阻燃性能、不延燃的外护套电缆。在不阻燃电缆外护层上，应涂防火涂料或绕包防火包带。

b. 应用防火槽盒。高压电缆应该用耐火材料制成的防火槽盒全线覆盖，如果是单芯电缆，可呈品字形排列，三相罩在一组防火槽中。防火槽两端用耐火材料堵塞。

c. 安装火灾报警和自动灭火装置。

3. 工程竣工技术资料

（1）电缆线路工程竣工资料的种类。电缆线路工程竣工资料包括施工文件、技术文件和相关资料。

1）施工文件。

a. 电缆线路工程施工依据性文件，包括经规划部门批准的电缆路径图（简称规划路径批件）施工图设计书等。

b. 土建及电缆构筑物相关资料。

c. 电缆线路安装的过程性文件，包括电缆敷设记录、接头安装记录、设计修改文件和修改图电缆护层绝缘测试记录、油样试验报告，压力箱、信号箱、交叉互联箱和接地箱安装记录。

2）技术文件。

a. 由设计单位提供的整套设计图纸。

b. 由制造厂提供的技术资料包括产品设计计算书、技术条件、技术标准、电缆附件安装工艺文件、产品合格证、产品出厂试验记录及订货合同。

c. 由设计单位和制造厂商签订的有关技术协议。

d. 电缆线路竣工试验报告。

3）电缆工程竣工验收相关资料。电缆线路工程属于隐蔽工程，电缆线路建设的全部文件和技术资料，是分析电缆线路在运行中出现的问题和需要采取措施的技术依据。电缆工程竣工验收相关资料主要包括以下内容：

a. 原始资料。电缆线路施工前的有关文件和图纸资料称为原始资料，主要包括工程计划任务书、线路设计书、管线执照、电缆及附件出厂质量保证书、有关施工协议书等。

b. 施工资料。电缆和附件在安装施工中的所有记录和有关图纸称为施工资料，主要包括电缆线路图、电缆接头和终端装配图、安装工艺和安装记录、电缆线路竣工试验报告。

（a）电缆敷设后必须绘制详细的电缆线路走向图。直埋电缆线路走向图的比例一般为 1:500；地下管线密集地段应取 1:100，管线稀少地段可用

1:1000。平行敷设的线路应尽量合用一张图纸，但必须标明各条线路的相对位置，并绘出地下管线断面图。

（b）原始装置情况。包括电缆额定电压、型号、长度、截面积、制造日期、安装日期、制造厂名，以及电缆接头与终端的规格型号、安装日期和制造厂名。

（c）共同性资料。与多条电缆线路相关的技术资料为共同性资料，主要包括电缆线路总图、电缆网络系统接线图、电缆在管沟中的排列位置图、电缆接头和终端的装配图、电缆线路土建设施的工程结构图等。

（2）电缆线路验收时应做好下列资料的验收和归档：

1）电缆线路走廊以及城市规划部门批准文件。包括建设规划许可证、规划部门对于电缆线路路径的批复文件、工许可证、管线工程规划条件核实意见书、电缆隧道排水许可证等。

2）完整的设计资料，包括初步设计、施工图及设计变更文件、设计审查文件等。

3）电缆线路（通道）沿线施工与有关单位签署的各种协议文件。

4）工程施工监理文件、质量文件及各种施工原始记录。

5）隐蔽工程中间验收记录和签证。

6）施工缺陷处理记录及附图。

7）电缆线路竣工图纸和路径图，比例尺一般为 1:500，地下管线密集地段为 1:100，管线稀少地段，为 1:1000。在房屋内及变电站附近的路径用 1:50 的比例尺绘制。由具有城市规划测量资质的单位采用 2000 国家大地坐标系、1985 国家高程基准坐标测量、编制电缆地下管线竣工图。平行敷设的电缆线路，应标明各条线路相对位置，并标明地下管线剖面图。电缆线路如采用特殊设计，应有相应的图纸和说明。

8）电缆敷设施工记录，应包括电缆敷设日期、天气状况、电缆检查记录、电缆生产厂家、电缆盘号、电缆敷设时的牵引力和侧压力记录、电缆敷设总长度及分段长度、施工单位、施工负责人等。

9）电缆附件安装工艺说明书、装配总图和安装记录。

10）电缆线路原始记录：电缆及附件、附属设备的合格证书、出厂试验报告等。

11）电缆线路交接试验记录。

12）电缆线路接地系统安装记录、安装位置图及接线图。

13）有油压的电缆线路应有供油系统压力分布图和油压整定值等资料，并有警示信号接线图。

14）电缆设备开箱进库验收单及附件装箱单。

15）一次系统接线图和电缆线路地理信息图。

16）电缆线路智能设备相关验收资料：产品质量合格证书、质量保修文件、使用说明书、型式试验报告、出厂报告、现场调试报告、现场验收报告、备品备件清单等。

海底电缆系统相关验收资料还应包括海缆工程完整的勘察设计资料，海缆敷设、冲埋、保护施工记录，海缆保护竣工图纸（含海缆经纬坐标位置），竣工后海底地形地貌图（比例尺一般为 1:100），海缆与其他管线交叉点的坐标位置和处理方式图，海缆及附属设备说明书和维护手册。

（3）组建专业的验收团队。为了确保验收工作的专业性和准确性，需要组建一支具备专业知识和实践经验的验收团队。团队成员应该包括电气工程师、质量管理人员、技术人员等，应该熟悉电缆工程的相关标准和规范，能够对工程进行全面的检查和评估。

6.3.2　管理支撑

500kV 电缆线路工程在建设过程中存在投资规模大、建设周期长、不确定因素多、经济风险和技术风险并存、多种施工管理模式融入等因素；同时，500kV 电缆线路工程具有涉及范围广、关注程度高、技术复杂、对区域电网的发展产生优化地方电网改造、电网电量交换的作用。基于工程建设的特点，构成了符合重大工程建设规范化管理的要素。为此，在建设过程中贯彻国家、行业，工程建设管理的法规、规范、基建一体化信息系统建设等基础上，结合高压电缆建设的工程特点，探索新的思路和新方法，以实现不断提升工程建设管理的执行能力。500kV 电缆线路工程规范化管理的实践，对于后续重大输变电工程涉外施工建设项目的管理，具有持续改进的借鉴意义和参考价值。

1. 健全的质量管理体系

为了确保验收工作的顺利进行，需要建立健全的质量管理体系。这个体系应该包括质量控制、质量保证和质量改进等方面，确保电缆工程的全过程都受到有效的管理和控制。同时，还需要制定相关管理制度和流程，明确各方的职责和权限，确保质量管理体系的有效运行。

（1）制定详细的验收计划与标准。从电缆项目的生命周期出发，将项目最终的验收标准和运行过程中发现的问题进行分析，研究在项目生命周期的哪些节点进行控制，形成覆盖生命周期其他阶段的验收控制点。同时在每个控制点，对时间管理、范围管理、验收标准、人员管理 4 个项目管理关键要素进行界定。通过对各要素的规范，构建覆盖项目生命周期的验收模式。基于项目生命周期的验收模式如图 6-1 所示。

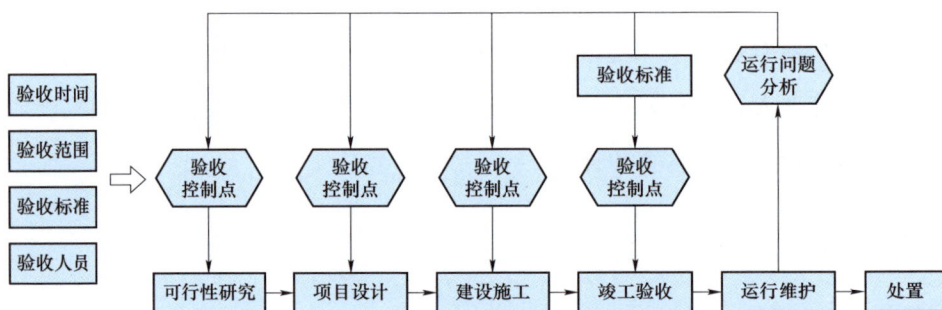

图 6-1　基于项目生命周期的验收模式

（2）实施分阶段验收并建立覆盖全生命周期的验收控制点。在施工阶段，需要对施工现场进行检查，确保施工质量符合设计要求；在调试阶段，需要对电缆系统进行全面的测试，确保其正常运行。每个阶段的验收都应该按照预定的计划和标准进行，确保工程质量得到有效控制。

1）分解验收标准。电缆工程验收应该分阶段进行，验收分为自验收、预验收、中间验收、竣工验收，每个阶段都需要进行严格的检查和评估。例如，对与电缆相关的各类规程、技术标准、作业指导书、电缆设计文件进行梳理，归纳整理出需在可研、设计、施工等各个阶段进行提前控制和规范的内容。针对每个控制点，进一步梳理形成验收的具体内容，包括施工质量保证体系检查和关键技术工艺标准。

关于电缆线路的验收主要依据 GB 50168、DL/T 5161.1 和 DL 5161.5、DL/T 1278、DL/T 1279、Q/CSG 1205019 等标准及公司电缆和附件技术规范书进行验收。综合管廊电缆线路除遵照以上要求执行外，还应遵守《中国南方电网有限责任公司地下综合管廊（电力部分）建设指导原则》相关要求。电缆线路验收内容包括设备出厂及到货、电缆敷设及附件安装、电缆路径、附属设施、附属设备、交接试验等资料和试验的验收。在验收过程中还应注重做好电缆附件的到货开箱验收。

2）分析运行问题。通过对历年高压输电电缆缺陷和故障处理数据的分析，有些缺陷和故障呈多发性、家族性特征，而有些则可以追溯到电缆全生命周期的前端环节。将这些原因反馈到电缆项目可研、设计、施工等各个阶段的验收控制点中，并在每个控制点，从时间管理、范围管理、验收标准、人员管理四个项目管理的关键要素进行分析。通过对各关键要素的分析，可以及时发现运行过程中存在的问题并提出解决措施，以提前避免在运行过程中发生缺陷和故障。

3）明确验收控制点。根据对验收标准和对运行维护问题的分析，形成电缆项目在投运前各阶段的验收控制点。针对各验收控制点，明确验收的内容和形式。例如，在设计阶段，相关人员参与到业主、设计单位共同组织的工作会议中，将设计阶段的要求内容进行交底反馈，并根据施工图提出针对性的审查意见。设计单位根据相关人员的反馈，对设计方案进行调整，提前避免验收阶段的不合格因素。电缆项目验收控制点分布如图 6-2 所示。

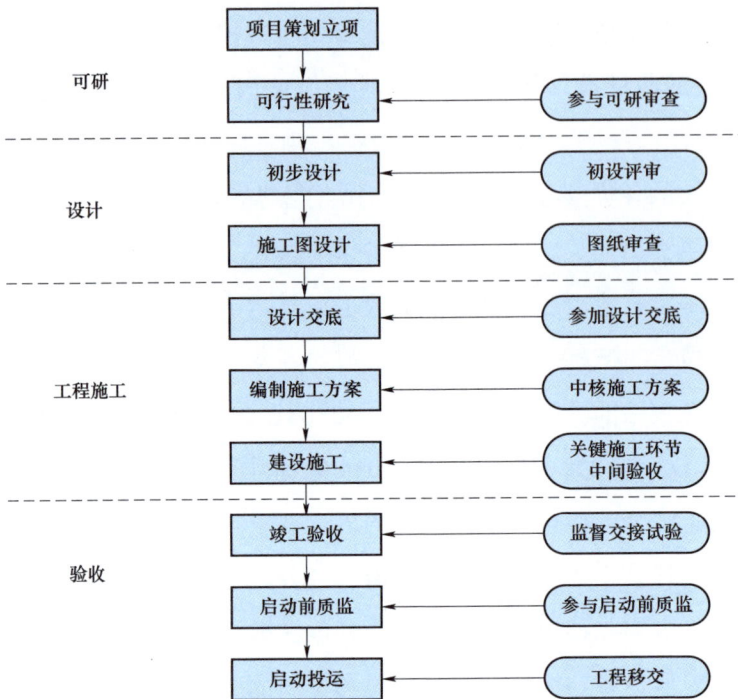

图 6-2　电缆项目验收控制点分布

4）及时处理和反馈问题。在验收过程中，如果发现存在质量问题或者不符合要求的情况，需要及时进行处理和反馈。验收团队应该与施工单位、设计单位等相关方进行沟通，明确问题的原因和解决方案，并跟踪整改措施的落实情况。同时，还需要对整改结果进行评估和反馈，确保问题得到彻底解决。

2. 先进的技术手段和产品设备

在验收过程中，需要运用先进的技术手段和设备，提高验收的准确性和效率。例如，可以采用无损检测技术对电缆进行检测，确保其内部质量符合要求。这些先进的技术手段和设备可以帮助验收团队更加准确地评估工程质量，提高验收的效率和准确性。

（1）采用预制化、模块化产品。近年来，高压电缆的接头及终端等附件很多已采用预制化产品，技术已很成熟，应该优先选用。预制化产品对安装施工人员以及环境的依赖程度较低，接头施工质量比较容易得到保证。尽量使用符合标准的预制化、模块化产品对保证施工质量、提高验收效率有着显著效果。

（2）试验验收。绝缘测试、耐压试验是检验高压电缆及其附件的生产、敷设、安装质量的重要手段，生产厂家应提供出厂前预鉴定试验报告供用户审查。在高压电缆中间接头、终端施工完毕后，先要做外护套的绝缘、耐压试验，这是检验电缆安装质量的第一道关口，也是较容易出现问题的地方，发现了绝缘薄弱环节必须及时修复，然后再进行高压电缆的每相导体绝缘测试及主绝缘的耐压试验、导体直流电阻和电缆线路参数测试等试验。

1）试验项目。电力电缆线路的试验项目应按照《电力设备交接验收规程》（Q/CSG 1205019）规定的试验项目开展，试验项目及要求见表 6-4。

表 6-4　　　　　　　　试 验 项 目 及 要 求

序号	类别	项目	要求	验收方式
1	交接试验	绝缘电阻	（1）一般应大于 1000MΩ； （2）35kV 及以上电缆采用 5000V 及以上兆欧表	资料验收
2	交接试验	电缆外护套、内衬层绝缘电阻	（1）测量采用 500V 兆欧表； （2）绝缘电阻不低于 10MΩ/km	资料验收
3	交接试验	电缆外护套直流电压试验	（1）仅对单芯交流电缆进行，110kV 及以上单芯电缆外护套连同接头外保护层施加 10kV 直流电压，试验时间 1min，不应击穿，试验前后绝缘电阻值无明显变化； （2）为了有效试验，外护套全部外表面应接地良好	旁站见证
4	交接试验	电缆主绝缘交流耐压试验	（1）试验频率优选 20～300Hz，试验电压和时间符合以下规定： <table><tr><td>额定电压 U_0/U（kV）</td><td>试验电压</td><td>时间（min）</td></tr><tr><td>21/35～64/110</td><td>$2U_0$</td><td>60</td></tr><tr><td>127/220</td><td>$1.7U_0$（或 $1.4U_0$）</td><td>60</td></tr><tr><td>190/330</td><td>$1.7U_0$（或 $1.3U_0$）</td><td>60</td></tr><tr><td>290/500</td><td>$1.7U_0$（或 $1.1U_0$）</td><td>60</td></tr></table>（2）不具备试验条件时可用施加正常系统相对地电压 24h 方法替代； （3）耐压试验前后应进行绝缘电阻测试，测得值应无明显变化	旁站见证

序号	类别	项目	要求	验收方式
5	交接试验	相位核对	检查电缆线路的两端相位应一致,并与电网相位相符合	资料验收
6	交接试验	局部放电试验	(1)对于35kV及以下电缆线路,交接试验宜开展局部放电检测; (2)对于66kV及以上电缆线路,在主绝缘交流耐压试验期间应同步开展局部放电检测	旁站见证
7	交接验收	交叉互联系统试验*	试验方法参照《电气装置安装工程电气设备交接试验标准》(GB 50150)	资料验收

* 表示 Q/CSG 1205019《电力设备交接验收规程》中未规定的试验,为可选项目。

2)其他要求。

a. 对电缆的主绝缘作耐压试验或测量绝缘电阻时,应在每一相上进行。对金属屏蔽或金属套一端接地,另一端装有护层过电压保护器的单芯电缆主绝缘作耐压试验时,必须将护层过电压保护器短接,使这一端的电缆金属屏蔽或金属套临时接地。

b. 对于已经运行的电缆线路维修后的交接试验,参照《电力设备检修试验规程》(Q/CSG 1206007)执行。绝缘电阻及电缆外护套、内衬层绝缘电阻试验要求相比《电力设备交接验收规程》(Q/CSG 1205019—2018)进行了修订。

3. 培训和人才支持

为了确保验收工作的专业性和准确性,需要提供充足的培训和人才支持。可以通过组织培训班、开展技术交流等方式,提高验收团队的专业技能和知识水平。同时,还需要引进和培养专业的质量管理人才,为验收工作提供有力的人才保障。

一方面,电缆项目每个施工环节涉及多个利益单位,需要对验收控制点的职责进行明确,扩大职责范围,保证每个验收控制点都有专业人员进行管理,对项目涉及利益方开展验收控制管理工作。

另一方面,验收控制点工作人员综合素养和能力会直接影响工程质量的把控和验收进度的效率,保证工作人员对每个验收控制点的工作流程、标准和要求、内容等多个方面进行全面了解和掌握，对提升验收控制管理工作开展的质量和效率，保证电缆项目安全是十分有意义的。

6.3.3 案例分析

本案例旨在对 500kV 电缆线路工程资产在全生命周期内的验收质量进行深入分析。通过对实际工程案例的剖析，探讨验收过程中遇到的问题、采取的措施及其效果，以期提高类似工程验收质量管理的水平。

1. 验收质量管理实践分析

（1）制定详细的验收标准和流程。在 500kV 楚庭（穗西）输变电工程电缆隧道部分项目建设过程中，项目管理团队依据国家相关标准、行业规范以及工程实际情况，制定了详细的验收标准和流程。这些标准涵盖了电缆材料、施工工艺、设备安装、安全防护等多个方面，确保每一个环节都能得到有效监控和管理。同时，验收流程也进行了精细化设计，明确了各阶段的验收节点、责任主体和具体操作步骤，保证了验收工作的有序进行。

（2）成立专业的验收团队及人才培养。

1）为确保验收工作的专业性和权威性，项目管理团队成立了由资深电气工程师、质量管理人员和安全专家组成的验收团队。验收团队成员具有丰富的电缆工程经验和专业知识，能够准确判断工程质量是否达标。在验收过程中，团队成员严格按照验收标准和流程进行操作，确保验收结果的客观性和公正性。

2）人才培养。

a. 项目管理能力提升。成立 500kV 楚庭—广南电缆线路工程业主项目部和楚庭工程技术支撑团队。代表建设单位承担项目管理责任，负责项目建设协调及质量、安全、造价、技术、文档等工作。

b. 技能水平提升。

（a）针对 500kV 电缆施工的技术技能要求，结合全国电缆竞赛开展培训，培训结束后进行考评，择优选取 10 人参与 500kV 电缆施工。相关业绩纳入人才档案，申报技术技能专家时优先考虑。

（b）自主完成一组 500kV 电缆接头制作。

（c）与广东火电联合完成一段电缆敷设。

c. 技术水平提升。

（a）结合施工关键节点，编制月度培训计划。针对施工现场勘察、电缆蛇形敷设、附件硫化安装等关键工艺节点在施工现场组织开展培训。并安排学员参与标准编写，专利申请等工作，项目组根据完成情况动态调整参培人员的名单和数量。

（b）定期组织开展分享会，每次由 3～5 名培训学员分享培训感悟与收获。

（3）实施分阶段验收。为有效控制工程质量风险，项目管理团队实施了分阶段验收的策略。每个施工阶段完成后，都会进行严格的验收检查，确保该阶段的工作符合质量要求。只有在验收合格后，才能进入下一阶段的施工。这种分阶段验收的方式使得项目管理团队能够及时发现和纠正工程中的问题，避免了质量问题的累积和放大。

（4）强化验收过程中的监督和管理。在验收过程中，项目管理团队注重监督和管理。一方面，他们定期对施工现场进行检查和巡查，确保施工单位按照设计要求进行施工；另一方面，他们还通过采用先进的检测设备和手段，对电缆的各项性能指标进行精确测量和评估。

此外，项目管理团队还建立了完善的档案管理系统，对验收过程中的所有数据和文件进行记录和分析。对于不同维度方面的问题进行分类整理，对工作中出现的疑难点进行结构梳理，并提出解决思路和具体实施内容，责任细化到单位和个人，并将交付物和完成时间记录在案。这些措施为后期质量追溯和改进提供了有力支持。

2. 全生命周期全面质量管理的重要性

通过对案例的深入分析可以发现全生命周期全面质量管理在 500kV 电缆工程中的重要性。首先，制定详细的验收标准和流程为工程质量管理提供了有力保障；其次成立专业的验收团队和实施分阶段验收策略能够有效发现和纠正工程中的问题；最后强化验收过程中的监督和管理能够确保工程质量的稳定性和持久性。这些措施共同构成了全生命周期全面质量管理的核心要素对于保障 500kV 电缆工程的安全稳定运行具有重要意义。

3. 结论与启示

对案例分析表明验收质量管理在 500kV 电缆工程的全生命周期全面质量管理中发挥着关键作用。通过制定详细的验收标准和流程、成立专业的验收团队、实施分阶段验收以及强化验收过程中的监督和管理等措施可以有效控制工程质量风险提高工程整体质量。对于类似工程而言应充分借鉴本案例的经验教训加强验收质量管理的实践和应用推动全生命周期全面质量管理的深入发展以确保工程的安全稳定运行和长期效益的实现。

6.4 管 理 评 价

6.4.1 验收质量管理的重要性

在 500kV 电缆线路的全生命周期中，验收阶段是一个至关重要的环节。它不仅是对工程质量和设备性能的最后把关，更是确保电缆工程安全、稳定运行的基础。验收质量管理的目的在于通过一系列的诊断与评价活动，确保所有安装的设备、材料和工艺都符合设计要求和相关标准，从而确保整个工程的质量和效益。

6.4.2 验收质量管理诊断

1. 诊断流程

验收质量管理诊断流程一般包括准备阶段、实施阶段和报告阶段。准备阶段主要是对验收标准、方法和工具进行准备，明确验收的目标和要求；实施阶段则是对实际工程进行详细的检查、测试和评估，记录相关数据和信息；报告阶段则是对诊断结果进行总结，形成详细的诊断报告。

2. 诊断内容

诊断内容主要包括设备检查、材料检验、工艺评估、安全性能测试等方面。设备检查主要关注设备的安装质量、运行状态和性能参数；材料检验则是对使用的电缆、附件等材料进行质量评估，确保其符合设计要求；工艺评估主要关注施工过程中的质量控制和工艺水平；安全性能测试则是对整个系统的安全性能进行全面测试，确保其达到设计要求。

3. 诊断方法

诊断方法主要包括目视检查、仪器测试、抽样检测等。目视检查主要是对设备的外观、连接等进行检查，发现明显的缺陷和问题；仪器测试则利用专业仪器对设备的性能参数进行测试，确保其满足设计要求；抽样检测则是对部分设备进行抽样，通过对其性能参数的测试来评估整体工程的质量。

6.4.3 验收质量管理评价

1. 评价指标

验收质量管理的评价指标主要包括设备合格率、材料合格率、工艺合格率、安全性能测试通过率等。这些指标能够全面反映验收阶段的质量管理水平，为后续的改进提供依据。

2. 评价方法

评价方法主要包括定量评价和定性评价。定量评价是通过具体的数值来评价验收质量，如设备合格率、材料合格率等；定性评价则是通过对验收过程中的问题、缺陷等进行描述和分析，形成文字报告，为后续的质量改进提供参考。

3. 评价结果处理

对于评价结果，应该进行详细的分析和处理。对于合格率较低的设备、材料或工艺，应该进行深入的研究，找出问题的根源，提出改进措施，并进行跟踪验证，确保问题得到有效解决。同时，对于评价结果也应该进行记录和归档，为后续的类似工程提供参考和借鉴。

6.4.4 验收质量管理模式的创新点

电力电缆具有受外界环境影响小、占地面积少和供电可靠性高等优点，在电网特别是城市电网中的应用比例越来越高。然而，电力电缆供电可靠性与电缆本体绝缘、中间接头和终端等附件的制作工艺、运行环境及服役年限等因素息息相关，其中封铅作为高压电缆附件现场安装的关键工艺之一，其安装质量是否到位直接影响高压电缆的安全稳定运行。因此，在电力电缆线路常规检测手段的基础上，在附件安装过程中验收技术人员开展应用涡流探伤检测技术具有重要意义。

1. 面临问题

电缆封铅是电缆施工中的一个重要工艺，与电力电缆长期安全运行密切相关，做好电缆封铅工艺，关键在于温度控制和封铅方法，温度控制适中，不易伤及电缆绝缘且封铅成功率高，封铅方法正确，则封铅实物边缘平滑过渡且密封性良好。电缆封铅工艺是一个附加并得到广泛应用的工艺过程，它对金属护套各种终端头、中间接头连接有着极其重要的密封防水作用，并可使电缆金属护层与其他电气设备连接成良好的接地系统。封铅工艺的好坏，直接关系电力电缆的使用寿命和运行的安全可靠性。若封铅工艺未能达到标准要求，运行过程中将会直接导致潮气进入，从而使电力电缆绝缘性能降低甚至绝缘击穿。

2. 技术要求

封铅通过用火焰熔化铅条将加热尾管的金属部件和电缆的金属护套进行密封连接起来，工艺过程是将铅条加热到半流体状态，通过人工的方法形成完整的金属密封结构。由于封期间电绝不能被烧，要求新使用的想料化温度不能太高，时间不能过长。铅锡合金是一种比较理想的焊料，纯铅的熔点是327℃，纯锡的熔点是 232℃。65%铅和 35%锡制成的合金熔点可以达到180～250℃，当它达到半固体状态时，有相对宽广的操作温度范围，特别适用于封铅工艺。

需要说明的是，基建阶段封铅工艺需要日积月累地练习和丰富的操作经验，封铅时外部环境条件、喷枪火焰大小、封铅时间长短、铅锡合金配比、工作过程站姿站位等因素都会影响封铅工艺，进而导致在电力电缆未投入使用前封铅内部已可能存在砂眼、裂纹、积结或空穴等隐患或缺陷；运行阶段，由于电力电缆终端长年累月暴露在风吹雨淋的环境中，架空线舞动过程中产生的能量均会通过连接线传递到电缆终端及附件，且电缆在运行过程中还存在蠕动等情况，舞动和蠕动等能量均会造成封铅部位反复承受外力，久而久之造成电力电缆封铅部位受损或断裂。国内外电网数起重大事故均由电缆封铅缺陷或封铅直接断裂导致，从而造成电缆故障停运导致了巨大的经济损失和严重的社会影响。

3. 涡流探伤检测技术原理

涡流探伤检测技术运用电磁感应原理，在铅封附件附近放置检测探头。探头上发出交变的磁场与导体材料作用，在铅封导体材料中将产生感应涡流信号，该涡流信号会直接反作用于检测探头，并进而影响检测探头上电流的幅值和相位。通过对该电流或检测探头自身阻抗的检测，可获取铅封表面开裂、砂眼、气泡或铅封厚度不足等状态信息。电缆涡流探伤检测技术原理示意图如图 6-3 所示。

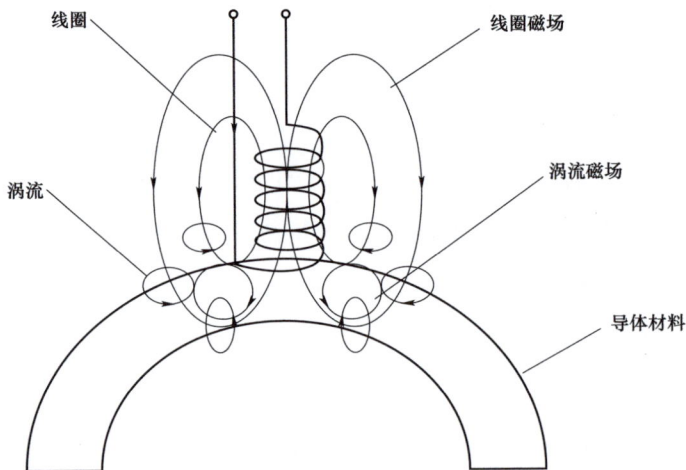

图 6-3 电缆涡流探伤检测技术原理示意图

测试前，首先对铅封附件表面污渍和潮气进行处理，将测试模块下端测试线圈直接贴敷在铅封附件的不同部位，然后通过集中检测平台启动仪器并逐渐调整输入电流大小和频率，并根据检测情况实时调整图像显示效果，待数据稳定后记录若干关键部位数值，后期可由专业人员进行深入分析，从而得出最终结论。

4. 电子化移交机制

电子化移交机制这一创新举措的核心在于通过推广应用设备台账信息的电子化管理，实现设备信息的快速准确录入。具体来说，现场工作人员可以通过扫描设备实物编码的方式，将供应商预先录入的设备基本信息自动导入到公司的设备台账系统中。这一过程不仅简化了传统的手工录入方式，还大大提高了工程验收的效率。

电子化移交机制的实施，确保了设备信息的准确性和可追溯性。由于设备信息通过电子方式直接从源头录入，避免了人为错误和遗漏的可能性，从而提高了数据的可靠性。此外，电子化移交机制还显著加快了信息传递的速度，使得设备信息能够实时更新和共享。这不仅为项目管理团队提供了及时准确的数据支持，还为后续的运维工作奠定了坚实的数据基础。

电子化移交机制的另一个显著优势在于支持设备全生命周期的管理。从设备的采购、安装、使用到维护和报废，电子化移交机制确保了每个环节的信息都能够被完整记录和追踪。因此，运维团队可以随时获取设备的详细历史记录，从而进行更为精准的维护和故障排除。同时，这也为设备的优化升级和资产管理提供了有力的数据支持，进一步提升了企业的运营效率和管理水平。

5. "1 + N"电缆验收模式

"1 + N"电缆验收模式可以整合多方力量参与验收，极大地提高验收的全面性和专业度，多个不同专业领域的参与方从各自专业角度深入检查评估，降低关键问题被遗漏的风险。同时，各参与方可以同时开展工作，分工明确，减少重复劳动，提升验收效率，有助于缩短项目周期。这种模式还促进了不同专业人员之间的沟通协作，能够及时解决验收过程中发现的问题，避免问题拖延和扩大。在创新方面，该模式突破了传统单一验收主体的局限性，引入多个参与方，丰富了验收的视角和方法，为电缆线路资产全生命周期内的验收提供了更可靠的保障。通过明确各方职责、建立统一标准体系以及合理选择参与方等措施，可以进一步优化该验收模式，实现成本效益与验收质量的平衡。

6. 全过程可追溯数字化验收模式

利用激光点云雷达、全景相机等数字化测绘装备，对隧道土建建设直至电缆附件安装全过程各环节进行激光点云测绘建模。充分把控各阶段施工质量情况，利用点云数据处理软件，对隧道土建、电缆敷设等关键施工工序进行缺陷隐患分析，及时处置存量隐患。数字化点云模型作为验收时最真实、全面、直观、准确的记录档案，永久存档。在设备投产后发生任何异常情况，可以回溯查看施工期间设备状态。做到施工质量责任透明、责任可追溯，从管理技术上督促了施工单位各级人员尽职尽责，打造精品工程。

6.4.5 验收质量管理模式结论

本章从电缆项目的生命周期出发，深入分析项目最终的验收标准和在运行过程中发现的问题，探讨形成覆盖电缆项目生命周期各个阶段的验收控制点，并在每个控制点，明确界定了时间管理、范围管理、验收标准、人员管理四个项目管理的关键要素，构建基于电缆项目生命周期的验收模式。

大力推广基于电缆项目生命周期的验收模式，对实现有效监控项目全过程，保障相关工程的施工质量，确保验收的最终成效具有重要意义。

第7章 数字化运维质量管理

　　数字化运维质量管理是指在电缆运维工作中，利用数字化技术和手段对运维质量进行管理。具体而言，就是利用传感器等设备收集电缆运行数据，如温度、湿度、电流、电压等，这些数据能反映电缆实时运行状态。通过建立数字化运维质量管理，对收集到的数据进行存储、分析，精准地评估电缆质量，预测可能出现的故障。并且，在运维过程中，依靠数字化手段安排维修计划、调度资源，以及对运维工作的质量进行评估考核，从而有效保障电缆安全、稳定、高效运行。

　　数字化运维质量管理理念源于新管理学。新管理学=现实+数据+"大模型"+应用，把管理学数字化，得到新的管理学的应用。数字化运维质量管理就是新管理学中的一种管理理念，它通过数据采集技术、数据存储与管理技术和自动化工具，实现对电缆线路资产全生命周期的实时监控和智能分析。这种模式不仅提高了运维效率，还能够及时发现潜在的问题并采取预防措施，从而降低故障发生率，确保电缆线路的安全稳定运行。数字化运维质量管理的实施，不仅提升了电缆线路的运维管理水平，也为企业的可持续发展提供了有力的技术支撑。

　　本章重点探讨在500kV电缆线路的运维质量管理，包括管理目标、管理原则、管理实践、运维管理案例以及管理评价等。

7.1 管　理　理　念

数字化运维质量管理理念主要有以下几个方面：

（1）以可靠性为中心，确保电缆能持续稳定地传输电能。数字化运维要聚焦于保障电缆在各种工况下正常运行，比如极端天气或高负荷用电时期，通过实时监测数据及时发现可能导致电缆故障的隐患，优先采取措施保障可靠性。

（2）预防性维护。利用数字化手段，如数据分析预测电缆可能出现的问题。例如，通过分析电缆长期运行的温度、负载电流等数据，构建故障预测模型，在故障发生前安排维护工作，改变以往的事后维修模式，延长电缆使用寿命。

（3）数据驱动决策。以收集到的全面且精准的数字化数据为依据进行运维质量管理。管理者要依靠数据来评估电缆状态、安排维护计划、分配资源等。例如，根据电缆老化程度的数据决定是否对其进行更换或者维修。

（4）全生命周期管理。涵盖电缆从规划设计、安装施工、运行维护到报废的全过程。在每个阶段都利用数字化工具进行质量管控，如在设计阶段利用数字模拟技术优化电缆路径规划，施工阶段利用数字化监测确保安装质量，运行阶段持续跟踪状态，直到报废阶段合理处置。

（5）持续改进。利用数字化反馈机制，不断优化运维质量管理流程。例如，对每次运维活动的效果进行评估，根据评估结果调整监测参数、维修策略等，持续提升运维质量和效率。

（6）协同合作。整合电缆运维涉及的各方力量，包括运维人员、技术专家、数据分析人员等多个团队。通过数字化平台共享信息、协同工作，例如，现场运维人员发现问题后及时通过平台反馈，数据分析人员快速提供解决方案建议，技术专家远程指导维修。

7.2　管　理　目　标

在确保设备安全运行的基础上，采取"无人巡视＋智慧运行"的生产管理体系，实现运检分离的"智能巡视＋智能检修"新型运维模式。全面推进电缆运维工作，以期达到提升工作质量和效率的目标。通过智能化手段，如物联网、大数据分析和人工智能等技术，能够实时监控电缆的状态，预测潜在故障，从而实现预防性维护。同时，结合传统运维的经验和方法，能够更全面地应对各种复杂情况，确保电缆系统的稳定运行。这种双管齐下的方式，不仅提高了运维工作的效率，还显著提升了电缆系统的可靠性和安全性。

7.3　管　理　实　践

7.3.1　管理实施路径

1. 找差异

开展电缆类设备状态评价，确定设备健康度。运维管理单位每年应按照设备状态评价导则，开展设备的基准状态评价工作和综合状态评价。设备健康度根据设备状态评价结果分为正常状态、注意状态、异常状态、严重状态四个级别。当影响设备健康状况的因素发生变化时，应及时开展设备动态状态评价及综合状态评价。

基准状态评价是对电缆类设备运行健康状态的预评价，即按照评价导则对设备健康状态进行扣分式评估。综合状态评价是指在基准状态评价的基础上，综合设备运行的多维度数据信息，全面准确地对设备的健康状态进行综合评估，应包含但不限于此的以下维度：

（1）设备运维信息。

（2）离线试验数据（包括出厂、交接及历次试验结果等）。

（3）在线监测及带电检测的数据（包括趋势分析结果等）。

（4）运行工况信息（如电缆系统遭受雷电或操作冲击次数、电缆系统运行负荷等）。

（5）设备关键信息（有无家族批次性缺陷、同类设备隐患，设备历次检修情况、消缺情况等）。

（6）设备故障风险。

（7）全生命周期综合成本。

开展设备重要性评估，确定设备重要度。从设备发生故障可能造成的事件后果、设备自身价值、对重要用户供电的影响等方面进行评估，取最高级别作为该设备的重要度级别。设备重要度分为关键、重要、关注、一般四个级别（见表 7−1）。当影响设备重要度的因素发生变化时，应及时重新评估设备的重要度。

表 7−1   设 备 重 要 度

重要度等级	依据对重要用户供电的影响	依据设备价值	依据设备故障后果
关键	特级重要用户供电中断的	1000 万及以上	一般及以上电力安全事故
重要	一级重要用户供电中断的	800 万～1000 万	一级事件
关注	二级重要用户供电中断的	500 万～800 万	二级事件、三级事件
一般	上述以外其他设备	上述以外其他设备	上述以外其他设备

2. 定级别

（1）设备管控级别确定。根据设备健康度和重要度评价结果，按照设备风险矩阵（见图 7−1），确定设备的管控级别，设备管控级别从高到低分为Ⅰ、Ⅱ、Ⅲ级和Ⅳ级。

（2）设备管控级别变更。涉及Ⅰ、Ⅱ级设备管控级别的变更，当设备重要度或设备健康状态变化，造成设备管控级别变化的，由基层单位提出申请，若设备状态能在一个月内恢复原有级别的，由基层单位生技部负责审批，并报分子公司生技部备案；若设备状态未能在一个月内恢复原有级别的，由分子公司生技部负责审批。

重要度 \ 健康度	正常	注意	异常	严重
关键	Ⅱ	Ⅱ	Ⅰ	Ⅰ
重要	Ⅲ	Ⅱ	Ⅱ	Ⅰ
关注	Ⅲ	Ⅲ	Ⅱ	Ⅱ
一般	Ⅳ	Ⅲ	Ⅲ	Ⅱ

图 7-1　设备风险矩阵

仅涉及Ⅲ、Ⅳ级设备管控级别的变更，当重要度或设备健康状态变化，造成设备管控级别变化的，由基层单位生技部负责审批。

（3）设备管控级别变更后的运维工作周期。设备管控级别变更后，以上一次工作日期为起点，按设备管控级别变更后的运维工作周期确定下一次运维工作时间。

3. 研策略

设备运维策略分为日常巡维、特殊巡维、试验检测、维护检修四大类，特殊巡维包含专业巡维、动态巡维。制定运维策略时应明确设备维护类别、巡维项目、周期、触发条件、责任部门、工作要求等相关内容。

供电公司输配电部负责制定设备运维要求。分子公司生技部负责承接公司运维要求，编制分子公司年度设备运维策略，每年进行修编，不断优化设备运维策略。基层单位生技部应以分子公司设备运行维护策略为基础，编制供电单位年度设备运行维护策略，每年进行修编，不断优化。各级电科院参与设备运维策略的编制。

4. 编计划

运维部门应依据设备运维策略制定年度运维计划。运维部门应将年度计划分解为月度、周（日）运维计划。同时，综合考虑设备巡视维护情况、设备状态评价和风险评估结果、保供电、外部环境及气候变化等情况，实时调整、滚动修编。

5. 强执行

（1）设备运维。高压电缆线路的运维工作主要包括日常巡维、特殊巡维（特殊巡视、动态巡视、专业检测）、预防性试验及检修维护。日常巡维工作应与输电线路管控级别联动，特殊巡维及专业检测工作应与输电线路重要度联动，动态巡视与电网运行风险、保供电任务、气象状况等联动。预防性试验及检修维护工作应根据周期要求或线路状况开展。

运维单位应根据设备运维工作量，配备充足的运维人员，应加强巡维人员的资质管理，强化技能培训，提高运维人员技能水平，确保巡维工作质量。运维单位应承接电缆运维策略编制巡视、维护作业指导书（含记录表）。生产班组按周计划组织实施运维工作，运维工作前，应做好物资、工器具、技术资料等准备，对运维过程中可能危及人身、电网、设备安全的各种因素进行系统、充分的风险评估，落实控制风险的安全、技术和管理措施。

作业时应严格执行现场有关安全工作规程和现场运行规程有关规程、规定。使用的仪器、仪表须经专业检测且在检定合格期内。

（2）数据分析。运维部门应定期开展运行数据分析，形成常态机制。通过横向、纵向数据分析，掌握设备运行状态变化趋势，提前发现设备缺陷、隐患，采取有效措施预控设备运行风险。

6. 评绩效

开展绩效评估，持续改进优化。基层单位生产技术部门应组织收集设备运行信息，分析、评估设备运维开展效果，进行指标分析，查找短板，并持续改进。指标可分为过程类和效果类指标，过程类可包括生产计划完成率，效果类指标可包括强迫停运率、可用系数、故障（事故、事件）缺陷比等。

基层单位生产技术部门应定期对设备运维情况进行回顾总结，定期分析所辖设备的运行情况，并专项分析设备事故和重大质量问题，形成设备运行分析报告。

7.3.2　管理支撑

高压电缆类设备的数字化运维质量管理支撑工作需要从基础管理、感知层、网络层、平台层、应用层等多方面入手，通过不断完善和优化这些支撑体系，以确保高压电缆类设备的稳定运行。

1. 基础管理，夯实数字运维基础材料

以电网管理平台电子化移交、输电自动化平台三维可视化为基础，以数字孪生技术为支撑，实现 500kV 电缆线路基础台账、施工图纸、激光点云数据、三维实体化建模等集中高效管理，形成基础资料可溯源、运维管控可视化的资产全生命周期有用好用的基础资料管理模式。

（1）开展存量在运架空线路台账排查，通过线路投产竣工图、设备更动、大修技改等全面排查线路基础资料，包括杆塔型号、基础型式、导地线型号、更动记录等，图档按照规定格式形成电子数据，更新电网管理平台台账数据。

（2）开展 500kV 高压电缆线路台账排查，通过线路投产竣工图、设备更动、大修技改等全面排查线路基础资料，包括电缆路径沿布图、电缆本体、终端头、中间接头型号及厂家信息。在电缆通道参数化建模的基础上，通过激光三维扫描、陀螺仪等科技手段，开展实体化建模，确立三维坐标信息，更新电网管理平台台账数据。

（3）规范新建线路电子化，建立新建线路投产必备数据资产清单。包括但不限于激光点云（电缆通道覆土前）、三维实体化建模、航线规划、电子化图档等。

2. 感知层

500kV 电缆线路采用各类巡检技术、在线监测终端、智能传感器等，实现基于风险的智能感知、智能监测全覆盖。架空线路坚持"数字化通道＋无人机自主巡检"两大发展方向，辅助开展智能传感终端部署、卫星勘灾、北斗技术应用等工作。电缆线路在局部放电、环流等在线监测的基础上，积极探索分布式精确故障定位、光纤测振动等应用效果，结合无人机机库、智慧

路灯视频等初步实现"电缆通道可视＋本体异常预警"的主动防御体系。

（1）推进三维数字化通道建设。在全面形成点云、航线规划等数字化通道应用基础上，完善激光点云延伸应用，建立外部隐患点（树木、施工等）实时监测模型，配合视频通道可视化，实施监测架空线路与隐患点净空距离，实现隐患提前预警。开展视频点云融合测距、内网北斗杆塔倾斜监测等新型感知手段。

智能视频安装实现架空输电通道视频全覆盖，重要交叉跨越点、人员活动区域、施工隐患点等全覆盖。

电缆通道可视化。在架空视频全覆盖的基础上，逐步探索智慧路灯、智慧视频杆，无人机机库、自动驾驶汽车等多种方式，实现电缆路径远程智能巡视。

推进基于三维实景还原的隧道数字孪生系统建设。利用激光扫描技术采集隧道内以及地面全景数据，实现电缆隧道的真实还原，建立具有真实性的电力隧道三维数字化通道模型，将电缆隧道三维数字化 BIM 模型、电缆本体监测数据、隧道综合监测数据集成为基于三维实景还原的隧道数字孪生系统，以实现各个监测系统、数字化模型之间的数据交互、集中管理和联动，实时反映设备基本信息、地理位置信息、通道运行情况以及生产管理等信息，具备综合监控、生产指挥、故障处置、远程操作等功能，形成一体化的电缆运行安全综合智能监控系统，提高电缆隧道的运行监控能力。

电缆通道环境异常预警体系。建立电缆通道环境异常预警体系，光纤测振动装置捕捉异常信号，前端识别后，触发最近视频监控和无人机机库，自动视频巡视或无人机巡视确认，实现异常预警，避免线路非计划停运。

（2）无人机自主巡检应用。无人机自主巡航全面应用，机巡规模占比不低于 70%，班站自行开展无人机精细化日常巡视规模占比不低于 40%；试点"可见光＋红外"分开巡检到双光无人机同步自动巡检过渡，双光无人机巡检规模不低于 10%，规划和完善双光无人机自动巡检航线，实现双光无人机自动巡检航线 100%覆盖。全面推广无人机智能机库部署使用，通过长距离、大范围覆盖的无人机机库和微型无人机机库的互补，实现架空线路全面无人化的精细化巡视和电缆通道、终端场无人机自动巡检、测温全覆盖。

（3）智能终端部署。精确故障定位安装，实现架空线路精确故障定位全覆盖。推进重大风险隐患点智能传感终端（山体滑坡预警、杆塔倾斜预警、视频监控等）应用，实现全域架空输电线路重大风险隐患点智能传感终端全覆盖。

（4）智能接地箱、智能标志桩、分布式精确故障定位等智能终端应用。根据设备状态评价结果，进行智能装备布点安装与应用，全面推进数字输电建设，基本实现"智能、安全、可靠、绿色、高效"的数字输电建设。

（5）成果转化及新技术使用。加快新型检测技术应用，在运线路跨越铁路、高速公路以及存在电网事故风险重要交叉跨越点，跨越档的跨越侧导地线耐张线夹，城区、人口密集区及必要的区域内，新建架空线路压接类耐张线夹和接续管，按要求全部开展 X 光无损检测。

用好激光清障等智能设备，减少人工登塔作业风险。利用导地线自动修补、螺栓紧固等机器人，实现带电自动作业。推广智能控制技术的输电线路杆塔整体液压提升系统、输电线路杆塔接地电阻智能检测设备、基于电光效应的防外力破坏高精度警报装置等研发成果的应用，完成成果转化，实现架空线路智能检测、外力破坏预警等工作的降本增效。

（6）加快开展前沿技术探索。在设备状态感知的基础上，通过开展高压电缆本体金属护层与半导电层放电特性研究及运行风险评价、基于改善热熔管道提高电缆载流量的研究、隧道电缆局放自动化检测系统研究等高压电缆领域前沿技术研究与应用等，编制高压电缆线路典型故障异常数据预警案例，实现高压电缆运维技术瓶颈突破，避免"以抢代维"。

基于激光点云、AI 识别、无人机机库、智能视频等有效联动的故障预警系统，通过前端异常信号捕捉和分析，触发视频监控及最近无人机机库联动，进行现场异常信号确认，及时发现设备本体缺陷、异物入侵等，实现异常预警，避免线路非计划停运。

架空线路光纤综合监测技术，以架空线路光纤作为传感器，进行全线风速等外部情况监测；探索融合智能接地箱的光传感通信技术，以随电缆敷设光缆为载体，采用互感方式，不开断光纤的前提下，实现电缆金属护层环流电流监测、金属护套层感应电压监测、温度监测等前端采集数据回传；基于杆塔实体化建模技术，深化架空线路多应用场景的数字孪生等前沿技术探索与使用。

3. 网络层

网络层推广 5G、北斗、WAPI 等通信新技术，实现感知层数据安全、稳定回传。

（1）网络层创新应用。通信层推广 5G 终端建设，开展"5G+数字输电"应用。全面收集和梳理 5G 应用需求。打造 5G+数字示范区，应用在架空线路视频、无人机库、隧道机器人、共享杆塔等全场景形。

推进北斗应用，推广内网北斗倾斜监测定位与诊断，全面应用无人机北斗高精度定位,新入网故障定位设备、高精度定位无人机 100%要求北斗授时。

在智能化隧道的基础上进行供电基础设施标准化建设，通过区域控制单元/智能网关等形式，利用光纤＋WAPI、5G 双覆盖，实现隧道内在线监测、人员通信、人员定位等需求的供电、通信基础设施建设。隧道机器人、隧道安防视频、环流、测温、环境、消防等设施通过基础设施实现就地集中上传。

无人机飞控与图传技术应用，赋能无人机远方调控与协同巡检。

4. 平台层

生产指挥平台将深化数字输电建设应用，从感知层、通信层、平台层和应用层，持续开展推进，真正做到设备状况一目了然，生产指挥一键可达。

丰富生产指挥平台高级应用。基于输电自动化平台二期架构，形成一系列模块化大数据处理"黑箱"，实现环流与运行电流对比、故障精确定位研判、AI 告警量化等功能。

建成故障信息快速联动机制。设备故障后，快速综合调度系统、资产台账、接线图、缺陷隐患信息，结合无人机、视频监测、故障定位装置等智能终端采集数据，实现设备故障后，设备信息、故障信息、天气信息等快速融合，为故障查找、故障抢修、原因分析等提供决策依据。

数字孪生三维功能应用，利用杆塔受力分析、自动形成接线图、设备更动自动导出等功能延伸。结合南方电网智瞰、电网管理平台系统，实现三维基础建设的有效利用。

应用图像识别结果众包复核平台，实现无人机图像识别分布式高效复核。

进一步打通电网管理平台、无人机远方调控与协同巡检平台与输电生产指挥平台关系，形成业务工单、巡视内容、缺陷隐患结果、状态评价的有效流转，实现"六个自动"。

5. 应用层

应用层以数字建设成果为依托，支撑"生产指挥中心＋网格化管理"生产组织模式优化。发挥数据的生产要素作用，形成数据驱动所内数字运检模式与数据驱动上下游价值链整合的"内外双循环"。

支撑"生产指挥中心＋网格化管理"体系常态化运转。以视频、无人机等感知层设备、输电生产指挥平台等平台层系统为基础，深度形成以告警信号等数据作为业务流转的驱动源泉，实现"生产指挥中心＋网格化管理"生产组织模式高效运转。

形成三维数据在设计、施工、运行、改造、报废等各阶段的有效应用，将点云、三维模型、GIM 等数据成果在设计单位、施工单位、运行单位间充分共享使用。

7.3.3　运维管理案例

以 500kV 广楚甲乙线的高压电缆线路的运维质量管理为典型案例，说明如下：

管理目标为加强 500kV 广楚甲乙线设备管理，严格落实设备运维策略，采用智能运维为主、传统运维为辅的方式，确保 500kV 广楚甲乙线两回电缆线路安全稳定运行。500kV 广楚甲乙线作为重要的电力传输通道，承担着区域内大量的电力输送任务。随着科技的不断进步，传统的运维管理方式已难以满足日益增长的可靠性和高效性要求，因此引入数字化运维管理成为必然选择。

7.3.3.1 数字化运维管理措施

1. 智能监测系统

在 500kV 广楚甲乙线上安装了先进的传感器网络，实时监测电缆的温度、局部放电、电流等关键参数。通过温度传感器，可以及时发现电缆过热情况，预防因过热导致的绝缘损坏。局部放电监测能够在早期发现潜在的绝缘缺陷，为及时维修提供依据。这些传感器将数据实时传输到中央监控系统，运维人员可以通过电脑或移动设备随时查看线路状态，实现远程监控。

2. 数据分析与预测

利用大数据分析技术，对 500kV 广楚甲乙线的监测数据进行深度挖掘。通过建立数据模型，分析历史数据趋势，预测电缆的寿命和可能出现的故障。例如，根据温度变化趋势和局部放电频率的增加，可以提前判断电缆是否存在潜在故障风险，以便安排预防性维护。数据分析还可以帮助优化运维策略，根据不同季节、负荷情况等因素，调整巡检周期和维护重点。

3. 三维可视化管理

采用三维可视化技术，构建 500kV 广楚甲乙线的数字孪生模型。这个模型可以直观地展示电缆线路的走向、杆塔位置、周边环境等信息。在运维管理中，工作人员可以通过三维模型快速定位故障点，了解线路的空间布局，提高故障排查和维修效率。同时，三维模型还可以与监测数据相结合，实现对线路状态的实时可视化展示，让运维人员更加直观地了解线路运行情况。

4. 无人机巡检

定期使用无人机对广楚甲乙线进行巡检。无人机配备高清摄像头和红外热成像仪，可以快速、全面地检查电缆线路的外观、杆塔状况以及周边环境。相比传统的人工巡检，无人机巡检效率更高，能够覆盖难以到达的区域，并且可以获取更详细的图像和数据。无人机采集的数据可以与智能监测系统和三维可视化模型进行整合，进一步丰富运维管理的信息来源。

5. 移动应用平台

开发了专门的移动应用平台，方便运维人员随时随地进行工作。通过移动应用，运维人员可以接收故障报警信息、查看监测数据、提交巡检报告等。在现场工作时，还可以利用移动应用进行导航、查询设备信息等操作，提高工作效率。

7.3.3.2 超高压长距离电缆多维度分布式智能运维技术

1. 长距离超高压电缆与 GIS 联接系统的暂态过电压测量与评估技术

建立 GIS 电站产生的过电压的等值电源模型和适应过电压分析的电缆分布参数模型，基于电容分压原理设计了计及分布电容参数的高精度宽频电压传感器，上升沿低于 200ns。开展了 GIS 产生的过电压特性和传播过程研究，掌握变电站 GIS 开关操作时特快速瞬态电磁过程的产生和传播机理，揭示了 500kV 长距离电缆与 GIS 联接系统暂态过电压特性规律。实现了在 500kV 楚庭、广南新建 500kV GIS 及 HGIS 设备内嵌入式集成，双端定位精度达到 2.9m；开展了典型工况下的联结系统的过电压分布，论证了 20km 下电缆系统峰值过电压不超过 1.27 倍额定电压。

2. 长距离超高压电缆的分布式局部放电测量系统

建立了典型缺陷局部放电波形的数学模型，基于有限积分法仿真获得电缆中间接头内部电磁波的传播特性，并提出传感器和中间接头一体化模型，优化传感器结构，推荐中间接头 HFCT 检测频带 1～20MHz，检测灵敏度＜5pC。

基于低频 TA 相位同步技术和光纤测控单元时基同步黑匣子技术（＜2ms），实现长距离电缆多通道多空间布点的局部放电对比分析，明确接头及附件缺陷放电点或多源定位。

研制全轨道悬挂多功能多自由度移动式平台，开展电缆本体任意点局部放电灵活带电检测，实现超高压长距离电缆全线检测无人化。

3. 高分辨率的长距离分布式光纤测温系统

为满足超高压电缆本体长距离高空间分辨率的可靠监测，提出了双宽度脉冲光纤分布式拉曼测温空间分辨率提升方法,通过两束超近脉宽激光下光纤背向散射 stokes 信号和反 stokes 信号解算,实现最长 45km、空间分辨率 0.25m。

用瑞利反射光解调反 stokes 信号,提高温度精度和相对灵敏度,实现 ±1℃ 的分布测温;采用多通道半导体微电子机械光开关实现多通道测量,避免性能交叉影响,达到单通道不超过 20s 的快速循环测量。现场测试装置实物图见图 7-2。

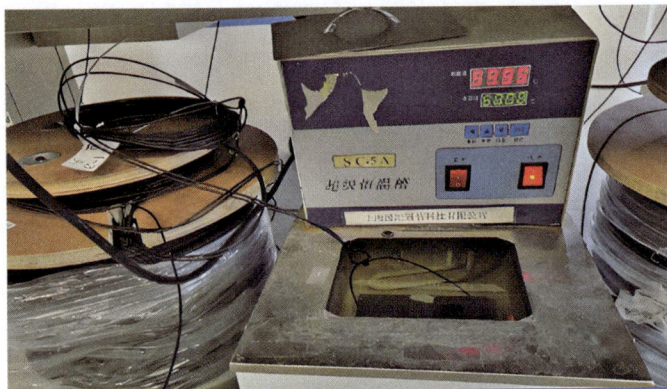

图 7-2　现场测试装置实物图

7.4 管 理 评 价

1. 构建超高压长距离电缆多维度分布式智能运维技术

突破 20km 级超高压长距离电缆运维无人区,构建了涵盖暂态过电压、分布式温度、分布式局部放电等参数在内的超高压电缆综合监测系统,达到暂态过电压定位精度 2.9m、分布式温度空间分辨率 0.25m 等精确指标,并通过技术中台将各类监控数据信息融合,统一物联集成,实现了长距离超高压电缆全景式智能化运维模式。

2. 提高运维的准确性和效率

数字化运维管理的实施,显著提升了运维工作的效率。通过减少人工巡检的工作量,不仅减轻了运维人员的负担,还提高了巡检的准确性和效率。

智能监测系统和数据分析的应用，使得运维团队能够及时发现潜在的故障和问题，从而提前安排维护工作，有效降低了故障发生的概率和缩短了维修时间。此外，移动应用平台和三维可视化管理的引入，进一步提升了运维人员的工作便捷性，使得他们能够更加高效地完成各项任务，从而整体上提高了运维效率。

3. 显著提升运行可靠性

实时监测和预测性维护的实施，显著提升了 500kV 广楚甲乙线的运行可靠性。通过智能监测系统，运维团队能够在故障发生前及时采取预防措施，有效避免了因故障导致的停电事故，从而保障了电力供应的稳定性和连续性。无人机巡检和智能监测系统的结合，使得运维团队能够全面、及时地掌握线路状态，确保了线路的安全运行，进一步增强了整体的可靠性。

4. 有效降低运维成本

数字化运维管理的实施，有效降低了运维成本。通过减少人工巡检的需求，直接降低了人工成本。同时，通过预测性维护，避免了不必要的维修和设备更换，从而降低了维护成本。此外，提高了线路的可靠性，减少了因故障导致的经济损失，进一步降低了整体运营成本。

总之，500kV 广楚甲乙线的数字化运维管理，通过智能监测、数据分析、三维可视化、无人机巡检和移动应用平台等多种手段的综合运用，实现了高效、可靠、低成本的运维管理。这一成功案例为高压电缆线路的运维管理提供了一个值得借鉴的典范，展示了数字化技术在提升运维效率、增强可靠性以及降低成本方面的巨大潜力和实际效果。

第 8 章　退役报废监测与评判管理

退役报废监测与评判管理机制是一种针对电缆生命周期末端的管理体系。它主要对电缆退役报废阶段进行管控。首先通过专业的监测手段，如电气性能检测、绝缘老化评估、机械强度测试等，全面收集电缆当前的状态数据；然后依据评判标准，包括电缆剩余使用寿命、维修成本与效益对比、故障风险等级等多方面因素，综合判断电缆是否达到退役报废条件。这一机制能确保电缆退役报废决策科学合理，避免资源浪费或因电缆超期服役带来的安全隐患。

退役报废监测与评判管理理论来源于管理学中的浴盆曲线理论。浴盆曲线（见图 8-1）是一种描述产品或系统在整个寿命周期中故障率变化的曲线。浴盆曲线通常分为三个阶段：

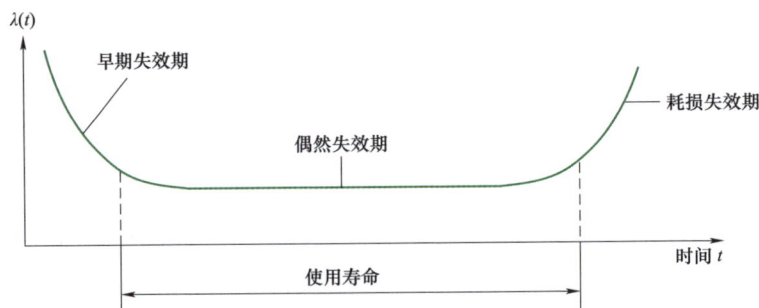

图 8-1　浴盆曲线

（1）早期失效期。在产品或系统投入使用的初期，故障率较高。这是因为在设计、制造和安装过程中可能存在一些潜在的缺陷，这些缺陷在使用初期逐渐暴露出来。随着时间的推移和问题的解决，故障率逐渐降低。

（2）偶然失效期。经过早期故障期后，产品或系统进入相对稳定的阶段，故障率较低且基本保持恒定。在这个阶段，故障主要是由于随机因素引起的，如意外的环境变化、操作失误等。

（3）耗损失效期。随着产品或系统使用时间的延长，其部件逐渐老化、磨损，故障率开始上升。在这个阶段，需要进行预防性维护或更换部件，以避免故障的频繁发生。

浴盆曲线有助于理解产品或系统的可靠性变化规律，从而采取相应的维护策略，以提高其可靠性和使用寿命。

将浴盆曲线原理应用于退役报废管理，可以发现电缆故障的原因及其绝缘状态与运行年限之间存在显著关联。特别是对于那些运行时间超过 25 年的老旧电缆，它们更容易因结构损伤、本体老化以及达到预定的服役年限而需要采取相应的管理措施。

本章结合已有高压电缆的退役报废管理规定，提出 500kV 电缆的退役报废管理要点，用于指导未来相关工作或提供参考。

8.1　管　理　理　念

8.1.1　管理原则

电力类报废物资处置管理采用指导型的管控策略，包括报废物资处置的处置计划、标包划分、处置申请、评估、拍卖、出库等业务流程。可按季度进行处置，报废电缆的处置流程在管理平台中流转，确保处置全过程留痕和责任追溯，防范处置风险。

对于不满足国家及行业以及南方电网公司反事故措施要求且无法整改的、国家和公司明文规定禁止使用的、故障且无法修复的电缆线路，可以进行设备报废鉴定。未达到设计制造使用年限的退役电缆，原则上应修理改造再利用，并按大修技改相关规定执行。超出使用年限的运行电缆和退役电缆，应开展状态评估，状态良好的，原则上不允许退役和报废，否则应进行鉴定后确定是否报废或再利用。

报废电缆设备应开展后评估工作，即对报废后的设备进行全生命周期评估，分析全生命周期中存在的问题并总结报废原因，为后续设备设计、采购提供参考。

8.1.2 鉴定试验工作原则

鉴定试验工作首先要以消除隐患和缺陷为重点，恢复设备性能和延长设备使用寿命为目标，坚持"应试必试、试必试全，应修必修、修必修好"的原则。其中"应"就是指要通过综合状态评价，全面准确地掌握设备的健康状态，根据设备状态评价的结果合理制定检修策略，明确设备检修试验的周期及项目，最终形成可执行的计划。

500kV 电缆报废前应先进行报废鉴定，退运设备鉴定分为初选鉴定与复核鉴定两个步骤。通过初选鉴定即可确定退运设备进入报废流程的，不需进行复核鉴定；经初选鉴定不能直接进入报废流程的退运设备，必须进行复核鉴定，确定处置意见。

鉴定工作开展时，应由电缆资产归口单位生产技术部门提出退役设备鉴定申请，报送鉴定小组审查通过后，鉴定小组成员组织鉴定，结合状态评价和鉴定试验结果，出具报废鉴定报告，资产归口管理部门、财务部门、监察审计部门三个部门审批。对于鉴定结果为报废的，由资产归口部门发起线上资产报废流程，现场施工拆除，并将鉴定为报废的电缆设备移交至归口管理部门指定的报废设备仓库，办理入库手续。报废电缆设备处置管理要求按各单位逆向物资管理规定执行。工作小组定期开展资产账实盘点，加强账实一致性核查。经鉴定退役报废的电缆设备因被盗、丢失、人为损坏，涉及人为造成损失的，视过失情节轻重按该设备实际净值的 30%～100% 对当事责任人或责任部门进行罚款赔偿，必要时进行责任追究。

8.1.3　利旧原则

设备专业管理部门在退役设备移交后完成闲置设备和报废设备清册编制，提交财务部门，并制定闲置设备再利用计划。闲置设备再利用遵循"谁产生、谁负责利用"的原则，由设备专业管理部门协调相关部门在项目的计划和设计阶段安排利用。闲置电缆设备再利用包括转为项目物资、储备物资。使用或存储年限超过轮换年限的闲置电缆设备不能再转为储备物资。

物资部门应制定有关指标，对退役电缆设备再利用情况进行统计评价。退役电缆经鉴定具备回收利旧价值后，由项目管理部门组织开展退役设备拆除与回收工作。回收利旧时应根据回收损失标准判定是否足额回收还是差异回收。物资部门应建立统一的闲置设备再利用平台，实现信息共享、统一调配。

对于 500kV 交联聚乙烯电缆绝缘材料经制造、交联形成网状结构，难以直接回收利用，通常是用于磨碎后作为交联电缆或其他塑胶品的填充物、或采用高温化学降解方法实现炼油。

500kV 电缆导体材料选用铜材，由于导电性能优异属于价格最高的铜材，电缆中的金属材料（金属铝套、铜带、铜丝等金属屏蔽）可经回收再加工处理重新投入使用。因此 500kV 电缆线路退役报废评估完成后，应做好设备资产保管，合理开展电缆利旧和净值测算，以提高资产利用率。

8.2　管　理　目　标

500kV 电力电缆报废处置的主要内容包括处置计划、标包划分、处置申请、评估、拍卖、出库等。退役报废应贯彻资产全生命周期管理理念，在确保设备安全的前提下，综合考虑技术与经济的平衡，严格退役报废流程，最大程度降低设备报废净值率，提升设备利用率，实现风险、成本、效能综合最优。

500kV 电力电缆工程线路的特点是设备资金占比高、工程量大，对退役和工程即将拆除的运行中 500kV 电缆，需要按照规定开展报废鉴定，具体包括开展试验及对电缆设备修复费用进行经济性评估，以确定是否报废或再利用。

　　为规范电力电缆设备退役和处置管理工作，加强设备退役计划和报废预算、退役申请，退役设备的鉴定、拆除、回收、修复、入库，闲置设备再利用，报废设备评估备案和处置、退役设备调拨的账务管理全过程的管控，使设备技术鉴定达到标准化、规范化，确保退运设备技术鉴定工作的顺利开展，各设备管理单位有必要成立退役物资工作组，由退役报废项目管理部门、设备专业管理部门、设备运维部门共同参与管理工作，制定或参照相应退役电缆物资处置业务指导书、退运电缆技术鉴定标准等，指导电缆的试验鉴定、状态评价和退役报废工作。其中退役报废项目管理部门是指各单位中负责基建、技改、修理等项目管理的职能部门。设备专业管理部门是指公司所属各单位中负责输电设备专业管理的职能部门，如生产设备管理部门。设备运维部门是负责设备日常运行维护工作的相关机构。

8.3　管　理　实　践

　　目前已有大量电缆线路超过或接近设计寿命，属于需要特别关注的老旧线路。500kV 电力电缆工程虽投运时间往往未达到寿命，但由于其电压等级高、线路长、重要度高，需采取特别的关注和评判措施。为规范电网设备退役报废技术鉴定工作，指导电网设备退役技术鉴定工作的开展，南方电网公司依据国家、行业和公司的有关标准和规程，编制《电网一次设备退役报废技术导则》，其规定了 500kV 电力电缆退役报废技术鉴定的原则，明确了鉴定的相关依据。

8.3.1　实施路径

1. 申请及鉴定

　　依据规定，资产退役前需办理退役鉴定手续。已纳入年度退役计划的资产可直接开展退役鉴定，未纳入年度退役计划的资产需履行非计划类退役申请手续，经设备专业管理部门审批。除应急抢修项目外，原则上退役报废审批须在项目开工前完成。设备运维部门根据设备年度退役计划，在项目开工前发起资产退役鉴定申请，由技术鉴定小组完成鉴定，鉴定结果分为闲置资产（直接可用、修复可用）、报废资产。退役鉴定小组由生产技术管理部门牵头，各专业部门及设备运维管理部门负责组织成立本专业技术鉴定小组，以及组织开展日常技术鉴定工作。各设备专业管理部门依据国家、行业和南方电网公司的有关标准和规程，制订全网统一鉴定技术指导原则，并优化完善各类设备的资产退役报废技术鉴定标准。鉴定标准需涵盖所有物资品类，指导设备退役技术鉴定工作的开展，为准确鉴定资产状态提供明确的技术条件和依据。因设备故障、自然灾害等不可抗力引起资产退役、无法提前开展技术鉴定的，在项目完工、确定工程拆除量并落实初选鉴定后，由设备运维部门发起退役鉴定。

退役 500kV 电力电缆附件原则上不再安排重新利用，直接进入报废流程。

在线监测装置超过使用年限或故障无法修复，直接进入报废流程。

500kV 电力电缆本体应首先按表 8-1 要求开展鉴定试验（可利用预防性试验周期内的试验结果）。若设备完整、无缺陷，且鉴定试验结果合格，可鉴定为直接再利用；若设备不完整或存在缺陷或部分鉴定试验结果不合格，应对该设备修复费用进行评估。若按有关规定评估没有修复价值，鉴定为报废，否则鉴定为修复再利用。

表 8-1　500kV 交联聚乙烯电力电缆及附件技术鉴定试验项目及要求

序号	鉴定项目	技术标准	试验要求
1	主绝缘绝缘电阻测量	应分别测量电缆的每一相主绝缘的绝缘电阻。 陆地电缆：应大于 1000MΩ。 海底电缆：应大于 500MΩ	（1）使用 2500V 及以上兆欧表。 （2）通过 GIS 接地开关连板测试的不适用。 （3）依照《电力设备预防性试验规程》（Q/CSG 114002—2011）10.2 执行

续表

序号	鉴定项目	技术标准	试验要求
2	主绝缘交流耐压试验	（1）陆地电缆：推荐使用频率 20～300Hz 谐振耐压试验。耐受电压为 $1.36U_0$，试验时间 60min，电缆不应被击穿。 （2）海底电缆：具体要求应按照 DL/T 1278 执行	（1）不具备试验条件或运行超过设计寿命时可用施加正常系统相对地电压 24h 方法替代。 （2）耐压试验前后应进行绝缘电阻测试，测得值应无明显变化。 （3）有条件时同步开展局部放电检测
3	外护套绝缘电阻	（1）应分别测量电缆的每一相外护套的绝缘电阻。 （2）每千米绝缘电阻值不低于 $0.5M\Omega$	使用 500V 兆欧表
4	外护套直流耐压试验	对外护套进行直流耐压试验，按制造厂规定进行	

充油电缆还应开展外护套直流试验，要求试验电压 6kV、试验时间 1min 下不击穿。主绝缘直流耐压按按表 8-2 开展。由于国内暂无 500kV 纸绝缘电缆，因此本处不做详细介绍。

表 8-2 　　　　　　500kV 充油电力电缆主绝缘直流耐压试验要求

电缆额定电压，U_0/U	GB/T 311.1 规定的雷电冲击耐受电压，kV	试验电压，kV	试验要求
290/500	1425	715	加压 5min，不击穿
	1550	775	
	1675	840	

对老旧电缆（运行 20 年以上），可根据设备状态适当缩短试验周期或增加试验项目，并结合迁改、技改项目及故障抢修，取样电缆（含接头）开展寿命评估，根据评估结论采取措施，同时应加强设备状态评价。

2. 500kV 退役电缆拆除、回收与修复管理

根据规定，退役资产完成鉴定后，由项目管理部门负责组织开展退役资产拆除与回收工作，根据鉴定结果编制拆除方案。对鉴定为直接可利用或修复可利用的设备需采取保护性拆除，确保可再利用设备不因施工拆除不当而导致损坏，丧失使用价值。设备状态发生变化时，可根据需要对退役资产进

行重新检查或鉴定。需修复的闲置资产由设备运维部门组织进行修复，完成修复后办理入库手续。退役资产拆除后，项目管理部门根据设备清单与设备运维部门进行实物核对，对差异情况进行管控。设备运维部门编制闲置清册及报废清册，提交财务部门完成价值核定、资产变更等账务处理工作。

即将的退役 500kV 电缆完成鉴定后，由项目管理部门组织开展退役设备拆除与回收工作。拆除前应根据鉴定结果编制拆除方案，并由项目管理部门组织审批。

退役电缆拆除后，项目管理部门根据退役设备清单与设备专业管理部门进行实物核对与移交，根据回收损失标准判定是否足额回收，如出现差异，项目管理部门应编制差异报告，经本单位领导审批后，抄送财务部门。

设备专业管理部门接收退役设备后，可根据需要对退役设备进行鉴定或检查。需修复的闲置设备由设备专业管理部门负责组织修复，修复费用在修理项目中或专项费用列支。设备专业管理部门在退役设备移交后完成闲置设备和报废设备清册编制，提交财务部门，并制定闲置设备再利用计划。财务部门完成价值核定、资产变更等账务处理反馈设备专业管理部门，设备专业管理部门办理入库登记。

对于需要修复的闲置 500kV 电缆设备，设备专业管理部门在修复后进行入库登记后，可进行入库移交工作。退役设备未办理入库移交前，由设备专业管理部门负责保管。直接安排在其他在建项目利用的闲置设备不办理入库移交手续，由设备专业管理部门办理设备调拨手续，移交相应项目管理部门。

3. 500kV 电缆报废物资的处置计划

根据规定，报废物资原则上入库后集中处置，难以入库或入库不经济情况下可采用现场处置，报废设备的存放和处置应符合法律法规、节能降耗及环境保护的要求。

经鉴定没有处置价值的 500kV 电缆属于报废物资，由相关物资使用管理部门出具书面报告说明原因和处置方式，经计财部门核实损失金额，并经审批后处置。报废物资处置计划由供应链部门组织编制并发布，明确年度处置批次。原则上除最后一个处置批次后产生的报废物资外，各单位生产经营活动中产生的报废物资应在当年完成处置。

4. 500kV 电缆报废物资标包划分、处置申请、评估

各单位供应链管理部门根据计划提出报废 500kV 电缆物资评估申请，计财部门对报废评估申请进行审核、上报、评估和备案。

涉及 500kV 电力电缆设备的报废物资主要包括铜材线缆类、铝材线缆类、电气设备类、电表类及其他类（电力类），报废物资入库后，应按照物资种类分堆保管，每堆报废物资之间应设置明显围栏区分。提交报废物资评估申请后完成封堆工作，在处置完成前应确保堆放状态保持不变，严禁改变已封堆报废物资数量、质量及堆放现状。不同集中处置批次的报废物资分区堆放，严禁混放。

供应链管理部门根据实际情况对报废物资按照物资种类、质量、金额等信息进行标包划分，根据各物资种类及其质量，将估值较高的物资种类与估值较低的物资种类进行搭配，并参考历史评估单价对标包评估总金额进行预估。

5. 500kV 电缆报废物资拍卖

500kV 电力电缆报废物资的处置方式有招标、拍卖以及进场（产权交易机构）交易三种，拍卖可通过现场拍卖、线上竞拍的形式进行。

物资所属公司的供应链管理部门根据报废物资评估结果编制拍卖方案，对拍卖方案进行审核、审批。拍卖服务商接受委托，对已通过处置申请的报废物资进行集中拍卖。拍卖服务商根据拍卖方案编制拍卖公告，供应链管理部门对拍卖公告进行审核，审核通过后，由拍卖服务商发布拍卖公告。供应链管理部门组织各单位、拍卖服务商开展集中拍卖的各项具体工作，负责督促、协调拍卖服务商完成拍卖公告刊登、接受竞买人报名、审核竞买人资质、组织竞买人查看标的及召开拍卖会等工作。拍卖起拍价以计财部门提供的评估价为依据制定，竞买人的最高报价不低于起拍价且为所有竞买人的最高报价，经拍卖服务商以公开方式确认为买受人后，报废物资拍卖成交。拍卖结束后，拍卖服务商应组织买受人及时完成拍卖资料交接。拍卖资料包括但不限于

拍卖结果、拍卖成交确认书、刊登拍卖公告的报纸或网址等。报废物资流拍的，由供应链管理部门负责在下一个批次重新划分标包、申请价值评估等工作。

6. 500kV 电力电缆报废物资出库

物资所属公司的供应链管理部门应在收到拍卖服务商的拍卖资料后规定时间内完成 500kV 电力电缆报废物资买卖合同或相关法律文件签订，按照"先收款，后出库"方式，签订交割确认书。供应链管理部门在处置完成后对报废物资进行核销，确保入库与出库数量或质量一致。计财部门按照合同约定开具发票，进行报废物资账务处理。报废物资出、入库过磅单据作为内部管理单据留存，不作为与买受人业务往来的任何材料依据。供应链管理部门应设置专人负责报废物资处置全过程档案管理，妥善保管相关资料，不得对无关人员泄露报废物资处置全流程信息，因泄露信息导致报废物资处置异常的，应追究有关责任人责任。为保证物资流转的公平性和可持续性，500kV 电力电缆报废物资拍卖服务商及回收商应纳入物资所属公司的供应商管理。

最终，物资所属公司可根据当年度的 500kV 电缆报废物资处置情况，结合实际需求，组织开展下一年度的处置工作。

8.3.2　管理支撑

1. 队伍机制

各管理单位应结合电缆全生命周期管理工作小组的相关建设要求，针对退役报废管理环节组建本单位 500kV 电缆技术监督工作小组，设立电缆相关专职岗位，实现日常技术监督、预防性试验、状态评价、资产管理等工作常态化运转，落实责任分工，明确主体责任。

2. 工作机制

（1）计划机制。电缆运维部门制定 500kV 电缆鉴定试验和状态评价计划，报 500kV 电缆技术监督工作小组备案，经审批发布后工作小组负责计划完成情况跟踪。

（2）例会交流机制。工作小组定期组织召开会议，汇报计划执行情况，协调解决工作中的具体问题，提出下阶段工作措施及要求，如是否调整设备健康度、是否进入退役或报废流程等，重点审核其是否满足退役报废相关规定的技术及经济性要求。

3. 报告机制

资产管理单位完成 500kV 电缆线路的退役报废鉴定后应出具鉴定报告，具体内容应包括以下内容：

（1）退役设备信息（设备名称、型号、出厂编号、制造厂家、投运时间、原安装地点、退役原因等）。

（2）鉴定试验结果。

（3）经济性评估结果（电缆导体等利旧经济性评估等）。

（4）鉴定结论（报废/直接再利用/修复再利用）。

退役报废主要原因包括磨损、损坏、技术更新、工程拆除（含灾害抢修）、环保超标、能效超标或按上级有关规定等原因退出，未达到设计使用年限退役的应重点分析制造、安装等方面原因）。

电缆故障原因和绝缘状态与运行年限存在明显关系，对于运行时间超过 25 年的老旧电缆，附件材料老化或受潮可根据分析结果采取更换措施，操作过程相对简单，涉及附件数量和成本较低，但电缆本体动辄几公里以上，寿命评估和状态评价结果对于运维决策极为重要。过早更换会造成极大的资源浪费，且施工难度和工程造价都比较高，若到达寿命而不及时更换，则线路故障率会明显上升，给电网安全稳定运行带来极大威胁。

以《35kV～500kV 电力电缆线路运行规程》（Q/CSG 1205063—2024）、《电力设备检修试验规程》（Q/CSG 126007—2017）等为例，均明确要求对橡塑绝缘电缆线路应针对运行超过设计寿命的电缆线路，应结合迁改、技改项目及故障抢修，取样电缆（含接头）开展寿命评估，根据评估结论采取措施，同时应加强设备状态评价，缩短局部放电、红外检测和接地环流测试项目周期。但目前尚无具体的寿命评估和状态评价办法，500kV 电缆线路的状态评价更是缺乏实际案例和数据支撑，相应老旧线路究竟是更换还是继续运行，运维决策需要充分的技术支撑。

4. 电缆状态评价机制

电缆状态评价是指通过收集获取直接或间接表征电缆运行状态的各类信息数据，准确评估电缆运行健康状态的过程。状态评价可分为基准状态评价及综合状态评价。管理单位应以综合状态评价结果为依据制定退役报废鉴定试验策略。

（1）基准状态评价是对设备运行健康状态的预评价，即按照相关评价导则对设备健康状态进行扣分式评估。

（2）综合状态评价是指在基准状态评价的基础上，综合设备运行的多维度数据信息，全面准确地对设备的健康状态进行综合评估，应包含以下维度（不限于此）：

1）电缆通道及终端巡视检查信息。

2）离线试验数据（包括出厂、交接及历次试验结果等）。

3）在线监测及带电检测的数据（包括趋势分析结果等）。

4）运行工况信息。

5）设备关键信息（有无家族批次性缺陷、同类设备隐患，设备历次检修情况、消缺情况等）。

6）设备故障风险。

7）全生命周期综合成本。

综合状态评价应由具备综合多维度数据分析能力，熟悉设备状态评价原则要求及设备结构特性的专业人员开展。

利用关键参数法可对 500kV 电缆具有代表性的关键绝缘参数进行分级和评价，开发相应软件，用于对运行或待开展退役报废鉴定的电缆进行状态评价。

具体步骤包括：

（1）通过对大量橡塑绝缘高压电缆样品开展必要的常规试验检测，明确电缆样品的使用性能，根据样品电压等级、历史负荷水平、运行年限、退运原因等信息进行分类，建立电缆样本库。

（2）根据电缆样品老化程度，获得电缆绝缘状态与运行历史的关联性，建立不同运行条件下电缆样品绝缘参量数据库。若电缆样品数量不足，可辅助开展电热联合老化、新型热老化等加速试验，获取等效关联。

（3）对电缆绝缘的关键特征参数进行模糊诊断分析，根据电缆失效标准建立模糊规则，对待退役报废电缆的状态进行评估，并给出相应的运行风险评价及对应策略。

5. 电缆退废前寿命预测机制

交联聚乙烯电缆在正常环境中寿命为 20～30 年，实际电缆寿命受敷设环境与使用状态的影响，并不具备统一性。为了充分评估 500kV 交联聚乙烯绝缘高压电缆的预期寿命，提前掌握是否需开启退役报废鉴定，应开展以下工作：

（1）了解 500kV 交联聚乙烯绝缘高压电缆的老化机理。处于恶劣环境中运行的电缆易发生老化与绝缘破坏。实际运行中交联聚乙烯电缆老化原因非常复杂，常是多因素作用所致。高压交联聚乙烯绝缘电缆的绝缘破坏事故约占高压电气设备事故的 40%左右。因此，分析老化原因，掌握老化现象与类型非常重要。

（2）截取适当数量不同运行时间的 500kV 电缆及电缆接头进行试验老化评估，以工频电压法（电热老化）为主要寿命评定手段。相较于同期投入使用的电缆本体，尤其应注意中间接头寿命。

（3）结合样品的数量、运行情况，合理选择有效的辅助试验方法和手段，如局部放电法、耐压法、等温松弛电流法、加速电热老化法、热老化法以及化学法（化学法主要是 DSC 利用差示扫描量热以及 DMA 动态热机械分析法）。辅助手段中的三种方法将对主要试验手段中的方法所得到的寿命评定结果进行对比验证。

（4）最终根据试验结果对此批电缆及接头通过不同手段所得到的结果进行对比分析，并给出寿命评定报告。

6. 电缆全生命周期成本计算机制

为了完成 500kV 电缆线路的退役报废申请，最关键的衡量指标是电缆设备的经济性评估。高压电缆设备的全生命周期成本计算公式为全生命周期成本 LCC＝投资成本 CI＋运行成本 CO＋检修维护成本 CM＋故障成本 CF＋退役处置成本 CD＋其他成本 CQ。

通常采用年值法进行分析，等额年金 $A=LCC\times[i\times(1+i)^n]/[(1+i)\times n-1]$。

其中：

投资成本 CI＝设备的购置费＋安装调试费＋建筑工程费＋拆除工程费＋其他费用＋原设备净值 CI0。

运行成本 CO＝设备能耗费＋年度日常巡视检查费＋年环保费用。

检修维护成本 CM＝周期性解体检修（大修）费用＋各类周期性检修维护（小修及预试）费用。

故障成本 CF＝故障检修费用＋故障损失费。

退役处置成本 CD＝退役处理费－设备退役时的残值。

为简化计算和便于分析，将运行成本 CO 中的日常巡检费用、检修维护成本 CM 及故障成本 CF 等属不重要的且对评价结果影响不大的因素，本次测算忽略不计，故全生命周期成本 LCC 可简化如下：

LCC＝投资成本＋设备能耗费＋大修试验费＋退役处置成本＋原设备净值

8.3.3　案例分析

案例一：广东电网有限责任公司广州供电局高压电缆退役报废及技术鉴定管理

南方电网公司广东电网有限责任公司编制发布《广东电网有限责任公司资产退役和处置管理业务指导书》（Q/CSG－GPG 4 06 3 014—2019），广州等各供电局依此形成本地化版本，明确固定资产退役管理业务相关规定，其中对高压电缆的退役处置也提出了相应管理要求。

广东电网在电力电缆等退役报废物资的管理过程中，参考引用了《中国南方电网有限责任公司逆向物资管理办法》（Q/CSG 2132015—2021）、《广东电网有限责任公司逆向物资管理实施细则》（Q/CSG－GPG 2 13 3 001—

2021)、《广东电网有限责任公司国有资产评估业务指导书》(Q/CSG-GPG 4 124001—2021)、《南方电网公司退运电缆技术鉴定标准（试行)》《中国南方电网有限责任公司资产全生命周期设备退役和处置管理办法》(Q/CSG 217009—2014)、《广东电网有限责任公司报废物资处置业务指导书》(Q/CSG-GPG 4 134001—2021）等。以广州供电局对可能进入退役报废流程的 500kV 电力电缆的技术鉴定为例：

1. 初选鉴定

如电力电缆满足以下条件之一，原则上不再安排重新利用，直接进入报废流程：

(1) 整体有明显的扭曲变形且不可修复。

(2) 内部有严重的浸水现象。

(3) 长度小于 50m。

(4) 因故障从运行状态退出。

(5) 退运的自容式充油电缆。

(6) 因不满足国家、行业以及南方电网公司反事故措施要求而退出运行。

(7) 运行时间达到或超过设备设计寿命。

退运电力电缆附件原则上不再安排重新利用，直接进入报废流程。在线监测装置超过使用年限或故障无法修复，直接进入报废流程。

2. 复核鉴定

复核鉴定首先按照规定开展鉴定试验（可利用预防性试验周期内的试验结果)。若设备完整、无缺陷，且鉴定试验结果合格，可鉴定为直接再利用；若设备不完整或存在缺陷或部分鉴定试验结果不合格，应对该设备修复费用进行评估。若修复、检测、试验总费用大于等于新采购本设备费用的 30%，鉴定为报废，否则鉴定为修复再利用。

3. 报废物资的处置流程

广东公司报废物资实行省级集中、分类处置模式，原则上每季度至少处置一次。报废物资处置流程在公司电网管理平台中流转，确保处置全过程留痕和责任追溯，防范处置风险。广东公司报废物资处置流程见图 8-2。

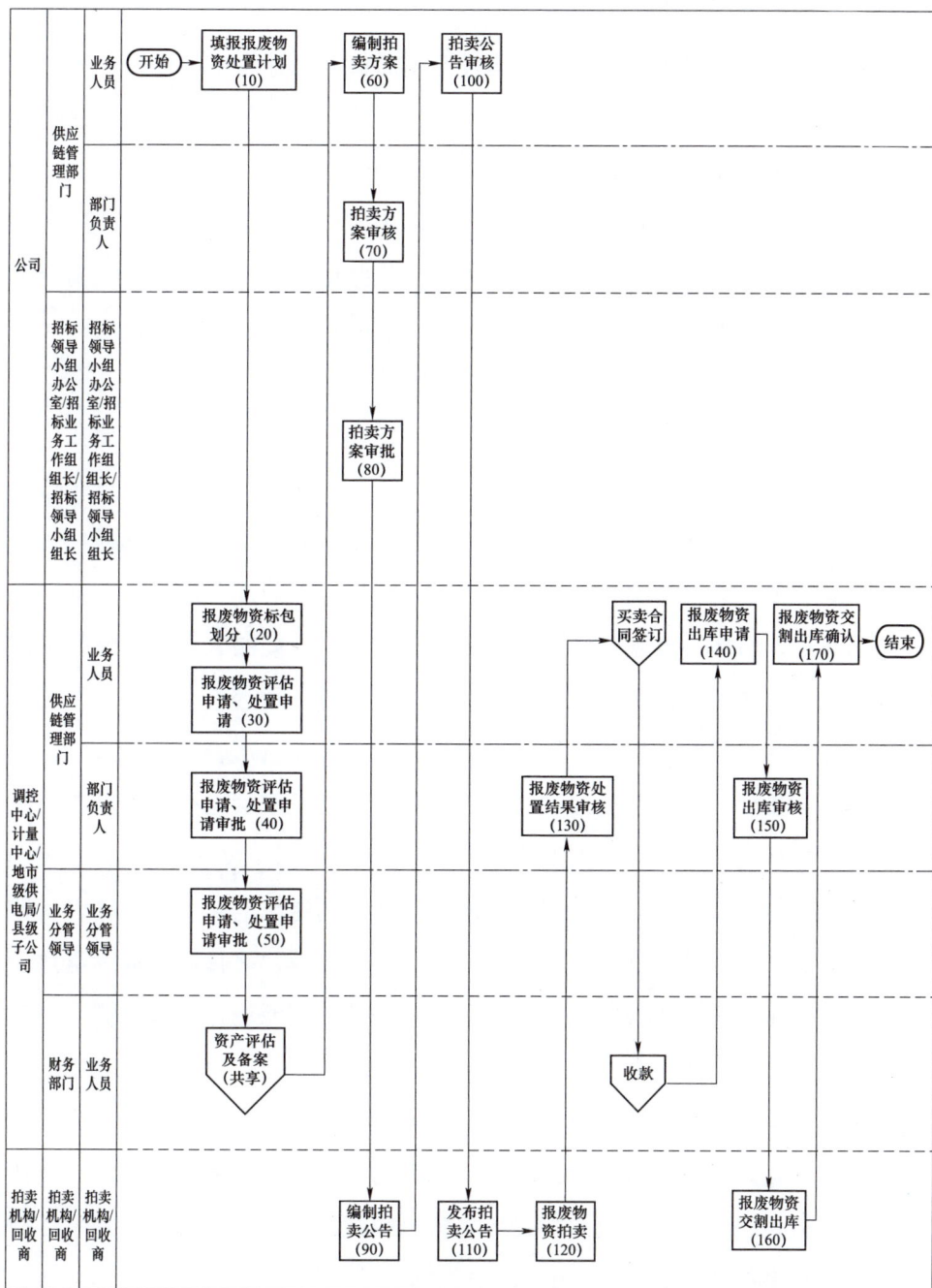

图 8-2 广东公司报废物资处置流程

案例二：广东电网有限责任公司电力科学研究院老旧高压电缆状态评价管理

大部分电缆线路实际载流量和运行温度远低于设计水平，理论上来说此类运行条件下的电缆线路实际寿命应超过设计年限，国外也不乏运行远超过设计寿命的实际案例。也有个别线路存在长期过负荷运行、受潮等情况，或者因外力破坏、产品质量等因素多次跳闸，停送电过程中的过电压、界面热胀冷缩等也可能激发电缆本身的潜在缺陷，这些历史运行条件都是影响电缆实际寿命的重要因素，影响电缆本身原始性能的参量（如原材料、结构尺寸和生产工艺）也是寿命评估需要考虑的内容。

对于正常运行的电缆线路，运行后期（25 年之后）电缆本体长期在机械力、热、电以及环境等因素的作用下，绝缘老化不可避免，可能导致线路运行故障率上升。电缆发生故障后，虽然供电部门掌握了大量的电缆故障数据，但是这些数据缺乏系统的、有效的分析手段，供电部门没有从故障数据中提取有用信息，造成了数据资源的闲置和浪费。国内电缆的大部分故障为早期故障，找出电缆故障的主要影响因素，可以有针对性地为未来电缆的采购、安装、运行和维护提供指导，以减少故障的发生。就资产管理角度来说，如何根据运行条件、关键性能测试结果确定是更换还是继续运行，可以在不降低运行可靠性的基础上节约大量成本。

广东电科院通过对 40 根服役高压电缆样品的绝缘老化状态进行多参数表征，开展了电缆绝缘样品在空气中、硅油中的加速热老化和硅油中电热联合老化对比试验，基于数理统计方法及模糊推理对绝缘老化状态检测数据进行系统分析，获得了电缆老化状态的评估方法；同时通过对未服役电缆绝缘样品进行实验室加速老化实验，获得高压服役电缆的剩余寿命评估模型。最终建立了广东地区高压交联聚乙烯绝缘电缆的绝缘状态检测数据库，以及适用于广东特定气候条件和电缆敷设环境的电缆绝缘老化状态诊断和剩余寿命计算的管理系统，为高压电缆的退役报废鉴定提供了有力支撑。

其研究认为，高压电缆绝缘的断裂伸长率、交流击穿场强、活化能、羰基指数能够从不同层面反映电缆绝缘试样的老化程度，其预警指标如表 8－3 所示。根据这四个特征量的预警指标进行聚类模糊和隶属度拟合，可以对实际电缆样品进行诊断，将其老化程度划分为健康、轻度老化、中度老化、严重老化等级。

表 8－3　　　　　交联聚乙烯绝缘电缆绝缘参数预警指标

序号	预警参数	预警范围
1	断裂伸长率	500%～550%
2	热裂解活化能	220～240kJ/mol
3	工频击穿场强	65～70kV/mm
4	羰基指数	1～1.5

案例三：广东电网有限责任公司广州供电局 110kV 电缆寿命预测研究

广州供电局对接近设计寿命电缆线路使用寿命评估方法探究高压电缆寿命预测评估研发工作。配合电网改造，针对一批运行 20～30 年的电缆线路状态进行评估，同时给出了相关运维策略，为 500kV 高压电缆寿命评估，判断其是否需开展退役鉴定的参考案例。

工作组根据老电缆线路的历史运行数据进行计算、评估以后，筛选出能够代表老电缆线路的典型电缆样品，共抽取 7 根电缆，每根取两个样品，即一根电缆本体样品和一根带中间接头的电缆样品。首先对 7 个样品进行局部放电、一主三辅四种手段来评价样品的寿命状态。四种方法中，电热老化方法为主，其他三种辅助包括等温松弛电流方法、活化能方法和热老化方法；研究从不同方法或手段中总结出有价值的信息，以便能更好地评估电缆及接头样品的寿命状态。随后针对以上 5 个实验的数据进行处理，结合线路的历史运行数据，评估实验样品的老化状态，同时针对电缆线路给出运行维护策略。三个月电热循环试验后样品电缆接头内部老化效果见图 8－3。

案例获得的具体结论包括：

（1）研究数据表明同期投入使用的电缆本体使用寿命大于中间接头寿

图 8-3 三个月电热循环试验后样品电缆接头内部老化效果

命。在电缆本体剩余使用寿命期限内可以通过重新制作电缆接头来延长电缆线路整体寿命，同时，为接近设计寿命电缆线路的新的运维策略提供了事实依据。

（2）通过以真实运行 25 年的电缆线路作为试验样品，测试数据显示广州供电局选取的某两条 110kV 电缆线路绝缘强度可再安全运行 10 年，以事实打破了国内外理论界普遍认为 XLPE 电缆 30 年一换的结论，为其他运行接近 30 年的电缆剩余寿命评估提供研究参考。

（3）初步评估出临近设计寿命 110kV XLPE 电力电缆的绝缘老化程度，以及具有的寿命。对广州地区与样品电缆同厂家同期投入使用至今仍运行的电缆线路的安全可靠性有一个初步的判断。

（4）形成了对接近设计寿命电缆线路使用寿命进行评估的研究路线。不同厂家、不同时期线路需要分别展开研究，电缆本体和接头寿命评估也需要分别研究，以微观理化实验和宏观电热联合老化实验等方法判断电缆主绝缘状态，判断接头运行状况。

（5）梳理了评估电缆线路寿命的主要因素，建立了基于电缆线路使用寿命的电缆全生命周期数据模型。数据包括投产前新建工程电缆样品、接头安装图纸及施工现场记录、在特殊段预留电缆（如与热力管交叉地方）、记录出厂试验。运行中，记录电缆运行数据库；评估电缆运行环境。研究时，建立电缆全生命周期数据库，分析电缆线路的薄弱点，进行取样试验；对接近设计寿命电缆线路发生故障时进行取样；接近设计寿命电缆线路迁改时，进行取样。通过多种数据对比，可以更为全面综合评估电缆寿命。

110kV 交联电缆本体与中间接头剩余寿命试验研究方法及流程见图 8-4。

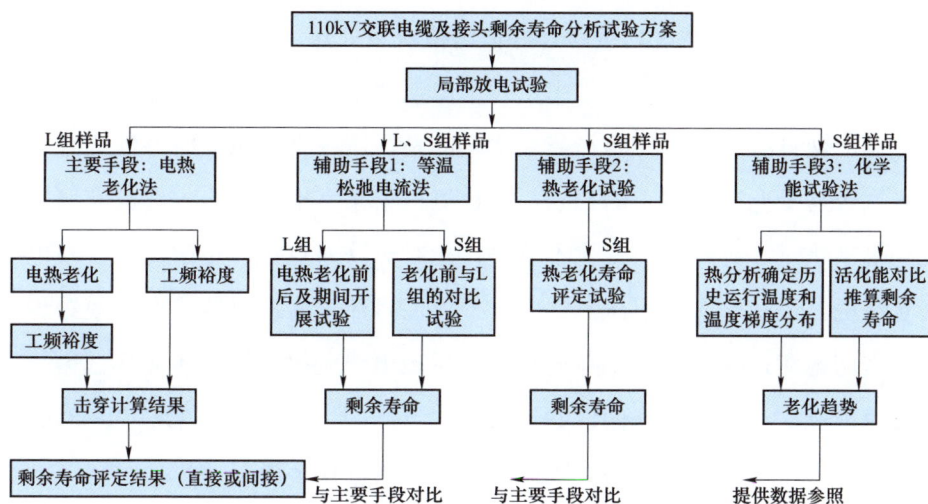

图 8-4　110kV 交联电缆本体与中间接头剩余寿命试验研究方法及流程

8.4　管　理　评　价

1. 运维阶段提前介入，监测状态积累数据

为了减少电力电缆故障的发生，电力电缆在日常的运行维护中，常见的可用于评判电缆线路运行状态的现场在线监测手段包括分布式光纤测温、护层电流监测、局部放电在线监测。

通过光纤测温可以直接反应电缆物理特性的变化，但光纤需要在制造电缆时提前预制。若布设于表面时，光纤测温时与电缆表面的紧固状态也会影响测温结果的准确性，若布设力度过紧，光纤易受到电缆震动或外力破坏而损坏；若布设力度过松，测得温度易受到环境温度影响，不能直接反映电缆运行温度。通过护层电流监测可以反映电缆的外绝缘状况，电缆通道存在多回线路时，护层电流与故障类型之间的关系还有待于进一步研究。局部放电在线监测则需要解决局部放电信号的去噪，典型缺陷局部放电信号的模式识别，交叉互联电缆局部放电源定位等关键问题，虽然已有一些研究学者开展了大量的研究工作，但仍需要大量现场实测数据对模型进行支撑和完善。

2. 鉴定状态代替计划维修，评估价值决策处置

进行退废鉴定试验时，常用于判定电缆状态的离线测试手段包括绝缘电阻测试、交直流耐压测试等。需要注意的是，实际现场试验时，电缆绝缘电阻测试容易受到分布电容的影响，导致测试结果不准确。当电缆只有局部发生绝缘劣化时，绝缘电阻变化不明显，此时无法通过绝缘电阻测试反映电缆真实情况。进行交直流耐压测试时，一方面直流耐压测试容易在电缆绝缘内残留空间电荷，这些空间电荷的存在会导致电缆绝缘的进一步破坏；另一方面交流测试需要大功率补偿设备补偿容性电流，尤其是针对 500kV 电缆线路，电容量更大，现场测试复杂，因此多采用其他替代手段。

因此，目前电力电缆的运行维护通常采用计划性维修，用于鉴定状态的检测手段虽然较多，但是检测效果往往并不令人满意。针对这种情况，可根据电缆运行时间和整体故障情况，有针对性地开展老化关键参量测试，基于多个老化参量测试结果评估绝缘状态，制定策略，不仅效果好，而且能提高效率。

3. 运用状态评价技术，预测寿命规划管理

大量的实验结果分析表明高压电缆绝缘试样在热老化或电热老化条件下的劣化规律相似，这一研究结果为解决完整电缆段所能施加电压退役温度范围受限、老化时间过长的问题提供依据。其利用关键参数法开展高压电缆状态评价，基于大量检测结果提取了四个与电缆绝缘老化程度密切相关的关键参量，获得了各参量的老化预警范围，基于模糊诊断建立了高压交联电缆绝缘老化状态评估模型，开发了高压交联电缆绝缘状态评估辅助软件，能够实现电缆绝缘状态的一站式管理和预警，方便用户及时了解电缆状态。

这种通过研究高压电缆老化评估模型和方法、开发电缆可靠性评估管理平台软件、用于指导退役报废鉴定的管理方法，可以为高压电缆的可靠运行和退役报废鉴定提供直观有力的数据支撑和理论支持，解决电力企业对运行寿命超过 20 年的老旧电缆、高故障率电缆运行决策难、状态定级难等实际问题。

参 考 文 献

[1] V. M. Montsinger, Loading Transformers by Temperature[J]. AIEE Transactions, Vol. 49, pp. 776 – 792, 1930.

[2] Dakin, Thomas W. Electrical Insulation Deterioration Treated as a Chemical Rate Phenomenon[J]. American Institute of Electrical Engineers, Transactions of the, 1948, 67(1): 113 – 122.

[3] J. C. Fothergill, G. C. Montanari, G. C. Stevens, C. Laurent. Electrical, microstructural, physical and chemical characterization of HV XLPE cable peelings for an electrical aging diagnostic data base[J]. IEEE Transactions on Dielectrics and Electrical Insulation, 2003, 10(3): 514 – 527.

[4] D. C. Montgomery, Design and Analysis of Experiments[J]. 5th edition, John Wiley & Sons Inc., 2001.